岩土工程勘察设计与实践

曹方秀 ◎ 著

ℂ 吉林科学技术出版社

图书在版编目（ＣＩＰ）数据

岩土工程勘察设计与实践 / 曹方秀著. -- 长春 ：
吉林科学技术出版社，2022.8
ISBN 978-7-5578-9370-5

Ⅰ．①岩… Ⅱ．①曹… Ⅲ．①岩土工程－地质勘探－
研究 Ⅳ．①TU412

中国版本图书馆 CIP 数据核字(2022)第 113555 号

岩土工程勘察设计与实践

著	曹方秀
出版人	宛 霞
责任编辑	赵维春
封面设计	北京万瑞铭图文化传媒有限公司
制 版	北京万瑞铭图文化传媒有限公司
幅面尺寸	185mm×260mm
开 本	16
字 数	283 千字
印 张	13.25
印 数	1－1500 册
版 次	2022年8月第1版
印 次	2022年8月第1次印刷

出 版	吉林科学技术出版社
发 行	吉林科学技术出版社
地 址	长春市南关区福祉大路5788号出版大厦A座
邮 编	130118
发行部电话/传真	0431-81629529　81629530　81629531
	81629532　81629533　81629534
储运部电话	0431-86059116
编辑部电话	0431-81629510
印 刷	廊坊市印艺阁数字科技有限公司

书 号	ISBN 978-7-5578-9370-5
定 价	58.00 元

《岩土工程勘察设计与实践》
编审会

前言 Foreword

人类的工程建设活动都是在地壳表层进行的，任何建筑物都支承在岩土层上，建筑物的重量通过基础传到地基中，所以，地基也是一种承受荷载的材料。为了保证建筑物的安全与正常使用，必须有良好的地基和与之相适应的基础，因此，在建筑物基础设计及施工前必须查清地基岩土层的分布规律，相应的物理力学性质等，才能为设计、施工提供依据。

随着我国各类工程建设持续快速发展以及城市建设的高速发展，特别是高层，超高层建筑物越来越多，建筑物的结构与体型也向复杂化和多样化方向发展。与此同时，地下空间的利用普遍受到重视，高层，超高层建筑的大量兴建，基础埋深的不断加大，需要开挖较深的基坑，以及大型工程越来越多，对岩土工程勘察提出了更高的要求。

岩土是一种复杂的材料，无论何种力学模型都难以全面而准确地描述其性状；岩土具有明显的时空差异，在复杂的地质条件下，再细致的测试也难以完全查明岩土性状的时空分布；岩土又有很强的地区性特点，不同地区往往形成各种各样的特殊性岩土。因此，单纯的理论计算和试验分析常常解决不了实际问题，而需要岩土工程师根据工程场地的工程地质条件和工程要求，凭借自己的经验和对关键技术的把握，进行临场处置。

全书共八章，分别介绍了勘察分级和岩土分类、地球物理勘探设计、工程地质测绘、调查及岩土测试设计，岩土工程分析评价及成果报告等，文字简练、图文并茂。收集了岩土工程勘察领域的新技术、新方法，贯入了岩土工程勘察与评价的新理念。

本书在编写过程中，参考和引用了部分教材和其他文献的内容，得到了相关生产单位专家的指点和帮助，同时，有些照片和图片选自相关教材和课件。在此，对专家的帮助以及所引文献的作者表示感谢。

目录 CONTENTS

第一章 勘察分级和岩土分类

第一节 岩土工程条件

查明场地的工程地质条件是传统工程地质勘察的主要任务。工程地质条件指与工程建设有关的地质因素的综合，或者是工程建筑物所在地质环境的各项因素。这些因素包括岩土类型及其工程性质、地质构造、地貌、水文地质、工程动力地质作用和天然建筑材料等方面。工程地质条件是客观存在的，是自然地质历史塑造而成的，不是人为造成的。由于各种因素组合的不同，不同地点的工程地质条件随之变化，存在的工程地质问题也各异，其影响结果是对工程建设的适宜性相差甚远。工程建设不怕地质条件复杂，怕的是复杂的工程地质条件没有被认识、被发现，因而未能采取相应的岩土工程措施，以致给工程施工带来麻烦，甚至留下隐患，造成事故。

岩土工程条件不仅包含工程地质条件，还包括工程条件，把地质环境、岩土体和建造在岩土体上的建筑物作为一个整体来进行研究。具体地说，岩土工程条件包括场地条件、地基条件和工程条件。

场地条件——场地地形地貌、地质构造、水文地质条件的复杂程度；有无不良地质现象、不良地质现象的类型、发展趋势和对工程的影响；场地环境工程地质条件（地面沉降、采空区、隐伏岩溶地面塌陷、土水的污染、地震烈度、场地对抗震有利、不利影响或危险、场地的地震效应等）。

地基条件——地基岩土的年代和成因，有无特殊性岩土，岩土随空间和时间的变异性；岩土的强度性质和变形性质；岩土作为天然地基的可能性、岩土加固和改良的必要性和可行性。

工程条件——工程的规模、重要性；荷载的性质、大小、加荷速率、分布均匀性；

结构刚度、特点、对不均匀沉降的敏感性；基础类型、刚度、对地基强度和变形的要求；地基、基础与上部结构协同作用。

第二节 建筑场地与地基

一、建筑场地的概念

建筑场地是指工程建设直接占有并直接使用的有限面积的土地，大体相当于厂区、居民点和自然村的区域范围的建筑物所在地。从工程勘察角度分析，场地的概念不仅代表所划定的土地范围，还应涉及建筑物所处的工程地质环境与岩土体的稳定问题。在地震区，建筑场地还应具有相近的反应谱特性，新建建筑场地是勘察工作的对象。

二、建筑物地基的概念

任何建筑物都建造在土层或岩石上，土层受到建筑物的荷载作用就产生压缩变形。为了减少建筑物的下沉，保证其稳定性，必须将墙或柱与土层接触部分的断面尺寸适当扩大，以减小建筑物与土接触部分的压强。建筑物最底下扩大的这一部分，将结构所承受的各种作用传递到地基上的结构组成部分称为基础。地基是指支承基础的土体或岩体，在结构物基础底面下，承受由基础传来的荷载，受建筑物影响的那部分地层。地基一般包括持力层和下卧层。埋置基础的土层称为持力层，在地基范围内持力层以下的土层称为下卧层（图1-1）。地基在静、动荷载作用下要产生变形，变形过大会危害建筑物的安全，当荷载超过地基承载力时，地基强度便遭破坏而丧失稳定性，致使建筑物不能正常使用。因此，地基与工程建筑物的关系更为直接、更为具体。为了建筑物的安全，必须根据荷载的大小和性质给基础选择可靠的持力层。当上层土的承载力大于下卧层时，一般取上层土作为持力层，以减小基础的埋深，当上层土的承载力低于下层土时，如取下层土为持力层，则所需的基础底面积较小，但埋深较大；若取上层土为持力层，情况则相反。选取哪一种方案，需要综合分析和比较后才能决定。地基持力层的选择是岩土工程勘察的重点内容之一。

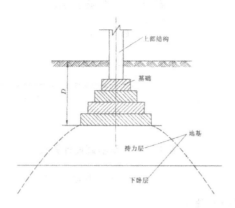

图 1-1 地基、基础、上部结构示意图

三、天然地基、软弱地基和人工地基

未经加固处理直接支承基础的地基称为天然地基。

若地基土层主要由淤泥、淤泥质土、松散的砂土、冲填土、杂填土或其他高压缩性土层所构成，则称这种地基为软弱地基或松软地基。由于软弱地基土层压缩模量很小，所以在荷载作用下产生的变形很大。因此，必须确定合理的建筑措施和地基处理方法。

若地基土层较软弱，建筑物的荷重又较大，地基承载力和变形都不能满足设计要求时，需对地基进行人工加固处理，这种地基称为人工地基。

第三节 岩土工程勘察分级及阶段的划分

岩土工程勘察分级，目的是突出重点，区别对待，以利于管理。岩土工程勘察等级应在综合分析工程重要性等级、场地等级和地基等级的基础上，确定综合的岩土工程勘察等级。

一、工程重要性等级

《建筑结构可靠度设计统一标准》（GB50068-2018）将建筑结构分为三个安全等级（表 1-1），《建筑地基基础设计规范》（GB50007-2011）将地基基础设计分为三个等级（表 1-2），都是从设计角度考虑的。对于勘察，《岩土工程勘察规范》（GB50021-2018）主要考虑工程规模大小和特征，以及由于岩土工程问题造成破坏或影响正常使用的后果，分为三个工程重要性等级（表 1-3）。

表 1-1　工程安全等级

安全等级	破坏后果	工程类型
一级	很严重	重要工程
二级	严重	一般工程
三级	不严重	次要工程

表 1-2　地基基础设计等级

设计等级	建筑和地基类型
甲级	重要的工业与民用建筑； 30 层以上的高层建筑； 体形复杂，层数相差超过 10 层的高低层连成一体的建筑物； 大面积的多层地下建筑物（如地下车库、商场、运动场等）； 对地基变形有特殊要求的建筑物； 复杂地质条件下的坡上建筑物（包括高边坡）； 对原有工程影响较大的新建建筑物； 场地和地基条件复杂的一般建筑物； 位于复杂地质条件及软土地区的二层及二层以上地下室的基坑工程； 开挖深度大于 15m 的基坑工程； 周边环境条件复杂、环境保护要求高的基坑工程
乙级	除甲级、丙级以外的工业与民用建筑； 除甲级、丙级以外的基坑工程
丙级	场地和地基条件简单、荷载分布均匀的七层及七层以下民用建筑及一般工业建筑；次要的轻型建筑；软土地区且场地地质条件简单、基坑周边环境条件简单、环境保护要求不高且开挖深度小于 5m 的基坑工程

表 1-3　工程重要性等级

重要性等级	工程规模和特征	破坏后果
一级工程	重要工程	很严重
二级工程	一般工程	严重
三级工程	次要工程	不严重

由于涉及各行各业，涉及房屋建筑、地下洞室、线路、电厂及其他工业建筑、废弃物处理工程等，工程的重要性等级很难做出具体的划分标准，只能作一些原则性的规定。以住宅和一般公用建筑为例，30 层以上的可定为一级，7～30 层的可定为二级，6 层及 6 层以下的可定为三级。

二、场地等级

根据场地对建筑抗震的有利程度、不良地质现象、地质环境、地形地貌、地下水影响等条件将场地划分为三个复杂程度等级（表1-4）。

表1-4　场地复杂程度等级

等级 划分条件	场地对建筑抗震 有利程度	不良地质作用	地质环境破坏程度	地形地貌	地下水影响
一级	危险	强烈发育	已经或可能受到强烈破坏	复杂	有影响工程的多层地下水、岩溶裂隙水或其他水文地质条件复杂，需专门研究
二级	不利	一般发育	已经或可能受到一般破坏	较复杂	基础位于地下水位以下的场地
三级	地震设防烈度≤6度或有利	不发育	基本未受破坏	简单	地下水对工程无影响

三、地基等级

根据地基的岩土种类和有无特殊性岩土等条件将地基分为三个等级（表1-5）。

表1-5　地基复杂程度等级

等级 划分条件	一般岩土				特殊性岩土及处理要求
	岩土种类	均匀性	性质变化	处理要求	
一级 （复杂地基）	种类多	很不均匀	变化大	需特殊处理	多年冻土，严重湿陷、膨胀、盐渍、污染的特殊性岩土，以及其他情况复杂、需作专门处理的岩土
二级 （中等复杂地基）	种类较多	不均匀	变化较大	根据需要确定	除一级地基规定以外的特殊性岩土
三级 （简单地基）	种类单一	均匀	变化不大	不处理	无特殊性岩土

四、岩土工程勘察等级

根据工程重要性等级、场地复杂程度等级和地基复杂程度等级，可按下列条件划分岩土工程勘察等级：

甲级 —— 在工程重要性、场地复杂程度和地基复杂程度等级中，有一项或多项为一级。

5

乙级 —— 除勘察等级为甲级和丙级以外的勘察项目。

丙级 —— 工程重要性、场地复杂程度和地基复杂程度等级均为三级。

一般情况下，勘察等级可在勘察工作开始前通过收集已有资料确定。但随着勘察工作的开展，对自然认识的深入，勘察等级也可能发生改变。

对于岩质地基，场地地质条件的复杂程度是控制因素。建造在岩质地基上的工程，如果场地和地基条件比较简单，勘察工作的难度是不大的。故即使是一级工程，场地和地基为三级时，岩土工程勘察等级也可定为乙级。

我国的勘察规范明确规定勘察工作一般要分阶段进行，勘察阶段的划分与设计阶段相适应，一般可划分为可行性研究勘察（选址勘察）、初步勘察和详细勘察三个阶段，施工勘察不作为一个固定阶段。

当场地条件简单或已有充分的地质资料和经验时，可以简化勘察阶段，跳过选址勘察，有时甚至将初勘和详勘合并为一次性勘察，但勘察工作量布置应满足详细勘察工作的要求。对于场地稳定性和特殊性岩土的岩土工程问题，应根据岩土工程的特点和工程性质，布置相应的勘探与测试或进行专门研究论证评价。对于专门性工程和水坝、核电等工程，应按工程性质要求，进行专门勘察研究。

五、选址勘察

选址勘察的目的是为了得到若干个可选场址方案的勘察资料。其主要任务是对拟选场址的稳定性和建筑适宜性做出评价，以便方案设计阶段选出最佳的场址方案。所用的手段主要侧重于收集和分析已有资料，并在此基础上对重点工程或关键部位进行现场踏勘，了解场地的地层、岩性、地质结构、地下水及不良地质现象等工程地质条件，对倾向于选取的场地，如果工程地质资料不能满足要求时，可进行工程地质测绘及少量的勘探工作。

六、初步勘察

初步勘察是在选址勘察的基础上，在初步选定的场地上进行的勘察，其任务是满足初步设计的要求。初步设计内容一般包括：指导思想、建设规模、产品方案、总平面布置、主要建筑物的地基基础方案、对不良地质条件的防治工作方案。初勘阶段也应收集已有资料，在工程地质测绘与调查的基础上，根据需要和场地条件，进行有关勘探和测试工作，带地形的初步总平面布置图是开展勘察工作的基本条件。

初勘应初步查明：建筑地段的主要地层分布、年代、成因类型、岩性、岩土的物理力学性质，对于复杂场地，因成因类型较多，必要时应做工程地质分区和分带（或分段），以利于设计确定总平面布置；场地不良地质现象的成因、分布范围、性质、发生发展的规律及对工程的危害程度，提出整治措施的建议；地下水类型、埋藏条件、补给径流排泄条件，可能的变化及侵蚀性；场地地震效应及构造断裂对场地稳定性的影响。

七、详细勘察

经过选址和初勘后，场地稳定性问题已解决，为满足初步设计所需的工程地质资料亦已基本查明。详勘的任务是针对具体建筑地段的地质地基问题所进行的勘察，以便为施工图设计阶段和合理地选择施工方法提供依据，为不良地质现象的整治设计提供依据。对工业与民用建筑而言，在本勘察阶段工作进行之前，应有附有坐标及地形等高线的建筑总平面布置图，并标明各建筑物的室内外地坪高程、上部结构特点、基础类型、所拟尺寸、埋置深度、基底荷载、荷载分布、地下设施等。详勘主要以勘探、室内试验和原位测试为主。

八、施工勘察

施工勘察指的是直接为施工服务的各项勘察工作。它不仅包括施工阶段所进行的勘察工作，也包括在施工完成后可能要进行的勘察工作（如检验地基加固的效果）。但并非所有的工程都要进行施工勘察，仅在下面几种情况下才需进行：对重要建筑的复杂地基，需在开挖基槽后进行验槽；开挖基槽后，地质条件与原勘察报告不符；深基坑施工需进行测试工作；研究地基加固处理方案；地基中溶洞或土洞较发育；施工中出现斜坡失稳，需进行观测及处理。

第四节 岩土工程勘察的基本程序

岩土工程勘察要求分阶段进行，各阶段勘察程序可分为承接勘察项目、筹备勘察工作、编写勘察纲要、进行现场勘察、室内水与土试验、整理勘察资料和编写报告书及工程建设期间的验槽、验收等。

一、承接勘察项目

通常由建设单位会同设计单位即委托方（简称甲方），委托勘察单位即承包方（简称乙方）进行。签订合同时，甲方需向乙方提供下列文件和资料，并对其可靠性负责：工程项目批件；用地批件（附红线范围的复制件）；岩土工程勘察工程委托书及其技术要求（包括特殊技术要求）；勘察场地现状地形图（其比例尺须与勘察阶段相适应）；勘察范围和建筑总平面布置图各一份（特殊情况可用有相对位置的平面图）；已有的勘察与测量资料。

二、筹备勘察工作

筹备勘察工作，是保证勘察工作顺利进行的重要步骤，包括组织踏勘，人员设备安排，水、电、道路三通及场地平整等工作。

三、编写勘察纲要

应根据合同任务要求和踏勘调查的结果，分析预估建筑场地的复杂程度及其岩土工程性状，按勘察阶段要求布置相适应的勘察工作量，并选择勘察方法和勘探测试手段。在制订计划时，还需考虑勘察过程中可能未预料到的问题，需为更改勘察方案而留有余地。一般勘察纲要主要内容如下：制订勘察纲要的依据，勘察委托书及合同、工程名称，勘察阶段、工程性质和技术要求以及场地的岩土工程条件分析等；勘察场地的自然条件，地理位置及地质概况简述（包括收集的地震资料、水文气象及当地的建筑经验等）；指明场地存在的问题和应研究的重点；勘察方案确定和勘察工作布置，包括尚需继续收集的文献和档案资料，工程地质测绘与调查，现场勘探与测试，室内水、土试验，现场监测工作以及勘察资料检查与整理等工作量的预估；预估勘察过程中可能遇到的问题及解决问题的方法和措施；制订勘察进度计划，并附有勘察技术要求和勘察工作量的平面布置图等。

四、进行现场勘察和室内水土试验

勘探工作量是根据工程地质测绘、工程性质和勘测方法综合确定的，目的是鉴别岩、土性质和划分地层。

工程地质测绘与调查，常在选址可行性研究或初步勘察阶段进行。对于详细勘察阶段的复杂场地也应考虑工程地质测绘。测绘之前应尽量利用航片或卫片的判释资料，测绘的比例尺选址时为 1：5000～1：50000；初勘时为 1：2000～1：10000；详勘时为 1：500～1：2000，或更大些；当场地的地质条件简单时，仅作调查。根据测绘成果可进行建筑场地的工程地质条件分区，为场地的稳定性和建设适宜性进行初判。

勘探方法有钻探、井探、槽探和物探等，并可配合原位测试和采取原状土试样、水试样进行室内土水试验分析。勘探完后，还要对勘探井孔进行回填，以免影响场地地基的稳定性。

岩土测试是为地基基础设计提供岩土技术参数，其方法分为室内岩土试验和原位测试，测试项目通常按岩土特性和工程性质确定，室内试验除要求做岩土物理力学性试验外，有时还要模拟深基坑开挖的回弹再压缩试验、斜坡稳定性的抗剪强度试验、振动基础的动力特性试验以及岩土体的岩石抗压强度和抗拉强度等试验。目前在现场直接测试岩土力学参数的方法也很多，有载荷、标准贯入、静力触探、动力触探、十字板剪切、旁压、现场剪切、波速、岩体原位应力、块体基础振动等测试，通称为原位测试。原位测试可以直观地提供地基承载力和变形参数，也可以为岩土工程进行监测或为工程监测与控制提供参数依据。

五、整理勘察资料和编写报告书

岩土工程勘察成果整理是勘察工作的最后程序。勘察成果是勘察全过程的总结并以报告书形式提出。编写报告书是以调查、勘探、测试等许多原始资料为基础的，报告书要做出正确的结论，必须对这些原始资料进行认真检查、分析研究、归纳整理、去伪存真，使资料得以提炼。编写内容要有重点，要阐明勘察项目来源、目的与要求；拟建工程概述；勘察方法和勘察工作布置；场地岩土工程条件的阐述与评价等；对场地地基的稳定性和适宜性进行综合分析论证，为岩土工程设计提供场地地层结构和地下水空间分布的几何参数，岩土体工程性状的设计参数的分析与选用，提出地基基础设计方案的建议；预测拟建工程对现有工程的影响，工程建设产生的环境变化以及环境变化对工程产生的影响，为岩土体的整治、改造和利用选择最佳方案，为岩土施工和工程运营期间可能发生的岩土工程问题进行预测和监控，为相应的防治措施和合理的施工方法提出建议。

报告书中还应附有相应的岩土工程图件，常见的有勘探点平面布置图，工程地质柱状图，工程地质剖面图，原位测试图表，室内试验成果图表，岩土利用、整治、改造的设计方案和计算的有关图表以及有关地质现象的素描和照片等。

除综合性岩土工程勘察报告外，也可根据任务要求提交单项报告，如岩土工程测试报告，岩土工程检验或监测报告，岩土工程事故调查与分析报告，岩土利用、整治或改造方案报告，专门岩土工程问题的技术咨询报告等。

对三级岩土工程的勘察报告书内容可以适当简化，即以图为主，辅以必要的文字说明；对一级岩土工程中的专门性岩土工程问题，尚可提交专门或单项的研究报告和监测报告等。

六、报告的审查、施工验槽等

我国自开始实行施工图审查制度。完成的勘察报告，除应经过本单位严格细致的检查、审核之外，尚应经由施工图审查机构审查合格后方可交付使用，作为设计的依据。

项目正式开工后，勘察单位和项目负责人应及时跟踪，对基槽、基础设计与施工等关键环节进行验收，检查基槽岩土条件是否与勘探报告一致，设计使用的地基持力层和承载力与勘探报告是否一致，是否满足设计要求，是否能确保建筑物的安全等。

第五节　岩土的分类和鉴定

一、岩石的分类和鉴定

岩石的分类可以分为地质分类和工程分类。地质分类主要根据其地质成因、矿物成分、结构构造和风化程度，可以用地质名称（即岩石学名称）加风化程度表达，如强风化花岗岩、微风化砂岩等。这对于工程的勘察设计是十分必要的。工程分类主要根据岩体的工程性状，使工程师建立起明确的工程特性概念。地质分类是一种基本分类，工程分类应在地质分类的基础上进行，目的是为了较好地概括其工程性质，便于进行工程评价。国内目前关于岩体的工程分类方法很多，国家标准就有四种：《工程岩体分级标准》(GB/T50218—2014)、《城市轨道交通岩土工程勘察规范》(MGB50307—2012)，《水利水电工程地质勘察规范》(GB50487—2008)和《岩土锚杆与喷射混凝土支护工程技术规范》(GB50086—2015)。另外，铁路系统和公路系统均有自己的分类标准。各种分类方法各有特点和用途，使用时应注意与设计采用的标准相一致。重点介绍《工程岩体分级标准》(GB/T50218—2014)中有关的分类。

（一）按成因分类

岩石按成因可分为岩浆岩（火成岩）、沉积岩和变质岩三大类。

1. 岩浆岩

岩浆在向地表上升过程中，由于热量散失逐渐经过分异等作用冷却而成岩浆岩。在地表下冷凝的称为侵入岩；喷出地表冷凝的称为喷出岩。侵入岩按距地表的深浅程度又分为深成岩和浅成岩。岩基和岩株为深成岩产状，岩脉、岩盘和岩枝为浅成岩产状，火山锥和岩钟为喷出岩产状。

2. 沉积岩

沉积岩是由岩石、矿物在内外力作用下破碎成碎屑物质后，经水流、风吹和冰川等的搬运、堆积在大陆低洼地带或海洋中，再经胶结、压密等成岩作用而成的岩石。沉积岩的主要特征是具层理。

3. 变质岩

变质岩是岩浆岩或沉积岩在高温、高压或其他因素作用下，经变质作用所形成的岩石。

（二）按岩石的坚硬程度分类

岩石的坚硬程度直接与地基的承载力和变形性质有关，我国国家标准按岩石的饱和单轴抗压强度把岩石的坚硬程度分为五级，具体划分标准、野外鉴别方法和代表性岩石如表 1-6 所示。

表 1-6　岩石坚硬程度分类

坚硬程度等级		饱和单轴抗压强度/MPa	定性鉴定	代表性岩石
硬质岩	坚硬岩	$f_r > 60$	锤击声清脆，有回弹，震手，难击碎；浸水后，大多无吸水反应	未风化～微风化的花岗岩、正长岩、闪长岩、辉绿岩、玄武岩、安山岩、片麻岩、石英片岩、硅质板岩、石英岩、硅质胶结的砾岩、石英砂岩、硅质石灰岩等
	较硬岩	$60 \geqslant f_r > 30$	锤击声较清脆，有轻微回弹，稍震手，较难击碎；浸水后有轻微吸水反应	①弱风化的坚硬岩；②未风化～微风化的熔结凝灰岩、大理岩、板岩、白云岩、石灰岩、钙质胶结的砂岩等
软质岩	较软岩	$30 \geqslant f_r > 15$	锤击声不清脆，无回弹，较易击碎；浸水后，指甲可刻出印痕	①强风化的坚硬岩；②弱风化的较坚硬岩；③未风化～微风化的凝灰岩、千枚岩、砂质泥岩、泥灰岩、泥质砂岩、粉砂岩、页岩等
	软岩	$15 \geqslant f_r > 5$	锤击声哑，无回弹，有凹痕，易击碎；浸水后，手可掰开	①强风化的坚硬岩；②弱风化～强风化的较硬岩；③弱风化的较软岩；④未风化的泥岩等
	极软岩	$f_r \leqslant 5$	锤击声哑，无回弹，有较深凹痕，手可捏碎；浸水后，可捏成团	①全风化的各种岩石；②各种半成岩

（三）按风化程度分类

我国标准与国际通用标准和习惯一致，把岩石的风化程度分为五级，并将残积土列于其中，如表 1-7 所示。

表 1-7　岩石按风化程度分类

风化程度	野外特征	风化程度参数指标	
		波速比 K_p	风化系数 K_f
未风化	结构构造未变，岩质新鲜，偶见风化痕迹	0.9～1.0	0.9～1.0
微风化	结构构造、矿物色泽基本未变，仅节理面有铁锰质渲染或略有变色；有少量风化裂隙	0.8～0.9	0.8～0.9
中等（弱）风化	结构构造部分破坏，矿物色泽较明显变化，裂隙面出现风化矿物或存在风化夹层，风化裂隙发育，岩体被切割成岩块；用镐难挖，岩芯钻方可钻进	0.6～0.8	0.4～0.8

（续表）

强风化	结构构造大部分破坏，矿物色泽明显变化，长石、云母等多风化成次生矿物；风化裂隙很发育，岩体破碎；可用镐挖，干钻不易钻进	0.4～0.6	＜0.4
全风化	结构构造基本破坏，但尚可辨认，有残余结构强度，矿物成分除石英外，大部分风化成土状；可用镐挖，干钻可钻进	0.2～0.4	—
残积土	组织结构全部破坏，已风化成土状，锹镐易挖掘，干钻易钻进，具可塑性	＜0.2	—

　　风化带是逐渐过渡的，没有明确的界线，有些情况不一定能划分出五个完全的等级。一般花岗岩的风化分带比较完全，而石灰岩、泥岩等常常不存在完全的风化分带。这时可采用类似"中等风化 —— 强风化"、"强风化 —— 全风化"等语句表达。古近系、新近系的砂岩、泥岩等半成岩，处于岩石与土之间，划分风化带意义不大，不一定都要描述风化状态。

（四）按软化程度分类

　　软化岩石浸水后，其强度和承载力会显著降低。借鉴国内外有关规范和数十年工程经验，以软化系数 0.75 为界，分为软化岩石和不软化岩石。如表 1-8 所示。

表 1-8　岩石按软化系数分类

软化系数 K_R	分类
≤ 0.75	软化岩石
＞ 0.75	不软化岩石

（五）按岩石质量指标 RQD 分类

　　岩石质量指标 RQD 是指钻孔中用 N 型（75mm）二重管金刚石钻头获取的长度大于 10cm 的岩芯段总长度与该回次钻进深度之比。

（六）按岩体完整程度分类

　　岩体的完整程度反映了岩体的裂隙性，而裂隙性是岩体十分重要的特性，破碎岩石的强度和稳定性较完整岩石大大削弱，尤其是边坡和基坑工程更为突出。我国一般按照岩体的完整性指数结合结构面的发育程度、结合程度、类型等特征将岩体完整程度分为五级，如表 1-9 所示。

表 1-9 岩体完整程度分类

完整程度	完整性指数 (K_v)	结构面发育程度		主要结构面的结合程度	主要结构面类型	相应结构类型
		组数	平均间距/m			
完整	> 0.75	1～2	> 1.0	结合好或结合一般	裂隙、层面	整体状或巨厚层状结构
较完整	0.75～0.55	1～2	> 1.0	结合差	裂隙、层面	块状结构或厚层状结构
		2～3	1.0～0.4	结合好或结合一般		块状结构
较破碎	0.55～0.35	2～3	1.0～0.4	结合差	裂隙、层面、小断层	裂隙块状或中厚层状结构
		≥3	0.4～0.2	结合好		镶嵌碎裂结构
				结合一般		中、薄层状结构
破碎	0.35～0.15	≥3	0.4～0.2	结合差		裂隙块状结构
			≤0.2	结合一般或结合差		碎裂状结构
极破碎	< 0.15	无序		结合很差		散体状结构

（七）岩体基本质量等级分类

岩体基本质量指标（BQ）综合反映了岩石的强度和岩体的完整程度两个方面的特性，可根据岩体完整性指数和岩石饱和单轴抗压强度按式计算：

$$BQ = 90 + 3f_r + 25K_v \qquad （式 1-1）$$

当 $f_r > 90K_v + 30$ 时，应以 $f_r = 90K_v + 30$ 和 K_v 代入式（1-1）计算 BQ

当 $K_v > 0.04f_r + 0.4$ 时，应以 $K_v = 0.04f_s + 0.4$ 和 f_r 代入式(1-1)计算 BQ。

岩体基本质量分级，应根据岩体基本质量的定性特征和岩体基本质量指标（BQ）两者相结合，当根据基本质量定性特征与基本质量指标（BQ）确定的级别不一致时，应通过对定性划分和定量指标的综合分析，确定岩体基本质量级别。

对工程岩体进行详细定级时，应在岩体基本质量分级的基础上，结合不同类型工程的特点，考虑地下水状态、初始应力状态、工程轴线或走向线的方位与主要软弱结构面产状的组合关系等必要的修正因素，确定各类工程岩体基本质量指标修正值，其中边坡岩体还应考虑地表水的影响。

（八）岩石和岩体野外鉴别应描述的内容

岩石的野外描述应包括地质年代、地质名称、风化程度、颜色、主要矿物、结构、构造和岩石质量指标 *RQD*。对沉积岩应着重描述沉积物的颗粒大小、形状、胶结物成分和胶结程度，对岩浆岩和变质岩应着重描述矿物结晶大小和结晶程度。

岩体的野外描述应包括结构面、结构体、岩层厚度和结构类型，并应符合下列规定：

（1）结构面的描述包括类型、性质、产状、组合形式、发育程度、延展情况、闭合程度、粗糙程度、充填情况和充填物性质以及充水性质等。

（2）结构体的描述包括类型、形状、大小和结构体在围岩中的受力情况等。

（3）岩层厚度分类按表1-10执行。

表1-10　岩层厚度分类

层厚分类	单层厚度 h/m	层厚分类	单层厚度 h/m
巨厚层	h＞1.0	中厚层	0.5≥h＞0.1
厚层	1.0≥h＞0.5	薄层	h≤0.1

（4）对岩体基本质量等级为Ⅳ级和Ⅴ级的岩体鉴定和描述尚应注意：对软岩和极软岩，应注意是否具有可软化性、膨胀性、崩解性等特殊性质；对极破碎岩体，应说明破碎的原因，如断层、全风化等；开挖后是否有进一步风化的特性。

二、土的分类和鉴定

（一）土的分类

1. 按地质成因分类

土按地质成因可分为残积土、坡积土、洪积土、冲积土、淤积土、冰积土、风积土和化学堆积土等类型。

2. 按堆积年代分类

土按堆积年代分为老堆积土、一般堆积土和新近堆积土三类。

（1）老堆积土 —— 第四纪晚更新世及其以前堆积的土层。

（2）一般堆积土 —— 第四纪全新世早期堆积的土层。

（3）新近堆积土 —— 第四纪全新世中近期堆积的土层，一般呈欠固结状态。

3. 按颗粒级配和塑性指数分类

通用分类标准：一般土按其不同粒组的相对含量划分为巨粒类土、粗粒类土和细粒类土三类。巨粒类土应按粒组划分，粗粒类土应按粒组、级配、细粒土含量划分，细粒土按塑性图（见图1-2）、所含粗粒类别以及有机质含量划分。

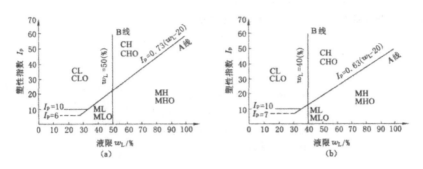

图 1-2　细粒土的塑性指数图

（1）国家标准的分类

①巨粒类土

试样中巨粒组含量不大于 15％时，可扣除巨粒，按粗粒类土或细粒类土的相应规定分类；当巨粒对土的总体性状有影响时，可将巨粒计入砾粒组进行分类。

②粗粒类土

粗粒组含量大于 50％的土称为粗粒类土。当砾粒组含量大于沙砾组含量的粗粒土称为砾类土，当砾粒组含量不大于沙砾组含量的粗粒土称为砂类土。

③细粒类土

细粒组含量不小于 50％的土称为细粒类土。当粗粒组含量不大于 25％的土称为细粒土；当粗粒组含量大于 25％且不大于 50％的土称为含粗粒的细粒土；有机质含量小于 10％且不小于 5％的土称为有机土。

（2）国家标准的分类标准

按颗粒级配和塑性指数分为碎石土、砂土、粉土和黏性土。

①碎石土 —— 粒径大于 2mm 的颗粒质量超过总质量 50％的土。

②砂土 —— 粒径大于 2mm 的颗粒质量不超过总质量 50％、粒径大于 0.075mm 的颗粒质量超过总质量 50％的土。

③粉土 —— 粒径大于 0.075mm 的颗粒不超过全部质量 50％且塑性指数等于或小于 10 的土。

④黏性土 —— 塑性指数大于 10 的土。当塑性指数大于 10 且小于或等于 17 时，应定名为粉质黏土；当塑性指数大于 17 的土应定名为黏土。

4. 按有机质分类

按有机质分类见表 1-11。

表 1-11 土按有机质含量分类

分类名称	有机质含量 W_u/%	现场鉴别特征	
无机土	$W_u < 5\%$		
有机质土	$5\% \leqslant W_u \leqslant 10\%$	灰、黑色,有光泽,味臭,除腐殖质外尚含少量未完全分解的动植物体,浸水后水面出现气泡,干燥后体积收缩	①如现场能鉴别有机质土或有地区经验时,可不做有机质含量测定;②当 $w > w_L$,$1.0 \leqslant e < 1.5$ 时称为淤泥质土③当 $w > w_L$,$e \geqslant 1.5$ 时时称为淤泥
泥炭质土	$10\% < W_u \leqslant 60\%$	深灰或黑色,有腥臭味,能看到未完全分解的植物结构,浸水体胀,易崩解,有植物残渣浮于水中,干缩现象明显	根据地区特点和需要可按 W_u 细分为:弱泥炭质土($10\% < W_u \leqslant 25\%$)中泥炭质土($25\% < W_u \leqslant 40\%$)强泥炭质土($40\% < W_u \leqslant 60\%$)
泥炭	$W_u > 60\%$	除有泥炭质土特征外,结构松散,土质很轻,暗无光泽,干缩现象极为明显	

(二)土的综合定名

土的综合定名除按颗粒级配或塑性指数定名外,还应符合下列规定:

(1)对特殊成因和年代的土类应结合其成因和年代特征定名,如新近堆积砂质粉土、残坡积碎石土等。

(2)对特殊性土应结合颗粒级配或塑性指数定名,如淤泥质黏土、弱盐渍砂质粉土、碎石素填土等。

(3)对混合土,应冠以主要含有的土类定名,如含碎石黏土、含黏土角砾等。

(4)对同一土层中相间呈韵律沉积,当薄层与厚层的厚度比大于 1/3 时,宜定名为"互层";厚度比为 1/10 ~ 1/3 时,宜定名为"夹层";厚度比小于 1/10 的土层,且多次出现时,宜定名为"夹薄层",如黏土夹薄层粉砂。

(5)当土层厚度大于 0.5m 时,宜单独分层。

(三)土的描述与鉴别方法

土的现场鉴别时依据土的分类标准,通过现场目估鉴别、手感或手捻、干强度、搓条、摇震等简易试验来进行初步分类定名和描述鉴别。土的鉴定应在现场描述的基础上,结合室内试验的开土记录和试验结果综合确定。

1. 土的现场描述内容

(1)碎石土宜描述颗粒级配、颗粒形状、颗粒排列、母岩成分、风化程度、充填物的性质和充填程度、密实度等。

（2）砂土宜描述颜色、矿物组成、颗粒级配、颗粒形状、细粒含量、湿度、密实度等。

（3）粉土宜描述颜色、包含物、湿度、密实度等。

（4）黏性土应描述颜色、状态、包含物、土结构等。

（5）特殊性土除应描述上述相应土类规定的内容外，尚应描述其特殊成分和特殊性质。如对淤泥尚需描述臭味，对填土尚需描述物质成分、堆积年代、密实度和均匀程度等。

（6）对具有互层、夹层、夹薄层特征的土，尚应描述各层的厚度和层理特征。

（7）需要时，可用目力鉴别描述土的光泽反应、摇震反应、干强度和韧性，区分粉土和黏性土。

2. 简易鉴别方法

（1）目测鉴别法

将研散的风干试样摊成一薄层，估计土中巨、粗、细粒组所占的比例确定土的类别。

（2）干强度试验

将一小块土捏成土团，风干后用手指捏碎、掰断及捻碎，并根据用力的大小进行区分：很难或用力才能捏碎或掰断的为干强度高；稍用力即可捏碎或掰断的为干强度中等；易于捏碎或碾成粉末者为干强度低；当土中含碳酸盐、氧化铁等成分时会使土的干强度增大，其干强度宜再将湿土做手捻试验，予以校核。

（3）手捻试验

将稍湿或硬塑的小土块在手中捻捏，然后用拇指和食指将土捏成片状，并根据手感和土片光滑程度进行区分：手滑腻，无砂，捻面光滑为塑性高；稍有滑腻，有砂粒，捻面稍有光滑者为塑性中等；稍有黏性，砂感强，捻面粗糙为塑性低。

（4）搓条试验

将含水量略大于塑限的湿土块在手中揉捏均匀，再在手掌上搓成土条，并根据土条不断裂而能达到的最小直径进行区分：能搓成直径小于1mm土条的为塑性高；能搓成直径小于1～3mm土条的为塑性中等；能搓成直径大于3mm土条的为塑性低。

（5）韧性试验

将含水量略大于塑限的土块在手中揉捏均匀，并在手掌上搓成直径3mm的土条，并根据再揉成土团和搓条的可能性进行区分：能揉成土团，再搓成条，揉而不碎者为韧性高；可再揉成团，捏而不易碎者为韧性中等；勉强或不能再揉成团，稍捏或不捏即碎者为韧性低。

（6）摇震反应试验

将软塑或流动的小土块捏成土球，放在手掌上反复摇晃，并以另一手掌击此手掌。土中自由水将渗出，球面呈现光泽；用两个手指捏土球，放松后水又被吸入，光泽消失。并根据渗水和吸水反应快慢进行区分：立即渗水和吸水者为反应快；渗水及吸水中等者为反应中等；渗水及吸水反应慢者为反应慢；不渗水、不吸水者为无反应。

第二章 地球物理勘探设计

第一节 电法勘探

电法勘探是以岩（矿）石之间的电性差异为基础，通过观测和研究与这种电性差异有关的电场分布特点及变化规律，来查明地下地质构造或寻找矿产资源的一类地球物理勘探方法。

电法勘探方法种类繁多，目前可供使用的方法已有 20 多种。这首先是因为岩（矿）石的电学性质表现在许多方面。例如，在电法勘探中通常利用的有岩（矿）石的导电性、电化学活动性、介电性等。

一、电阻率法

电阻率法是传导类电法勘探方法之一。它利用各种岩（矿）石之间具有导电性差异，通过观测和研究与这些差异有关的天然电场或人工电场的分布规律，达到查明地下地质构造或寻找矿产资源的目的。

（一）电阻率法的理论基础

1. 电阻率

岩（矿）石间的电阻率差异是电阻率法的物理前提。电阻率是描述物质导电性能的一个电性参数。从物理学中我们已经知道，导体电阻率公式为：

$$\rho = R\frac{S}{l}$$

（式 2-1）

式中：ρ 为导体的电阻率（$\Omega\cdot m$）；R 为导体电阻（Ω）；S 为导体长度（m）；l 为垂直于电流方向的导体横截面积（m^2）。

显然，电阻率在数值上等于电流垂立通过单位立方体截面时，该导体所呈现的电阻。岩（矿）石的电阻率值越大，其导电性就越差；反之，则导电性越好。

2. 电阻率公式及视电阻率

在电阻率法工作中，通常是在地面上任意两点用供电电极 A、B 供电，在另两点用测量电极 M、N 测定电位差。利用四极装置测定均匀、各向同性的半空间电阻率基本公式为：

$$\rho = K\frac{\Delta V_{MN}}{I} \qquad\qquad （式\ 2\text{-}2）$$

式中：K 为装置系数，$K=\dfrac{2\pi}{\dfrac{1}{AM}-\dfrac{1}{AN}-\dfrac{1}{BM}-\dfrac{1}{BN}}$ 是各电极间的距离，

AM、AN、BM、BN 在野外工作中装置形式和极距一经确定，K 值便可计算出来；ΔV_{MN} 为 MN 间测得的电位差（V）；I 为供电电流（A）。

首先需要引入"地电断面"的概念。所谓地电断面，是指根据地下地质体电阻率的差异而划分界线的断面。这些界线可能同地质体、地质层位的界线吻合，也可能不一致。如图 2-1 所示的地电断面中分布着呈倾斜接触，电阻率分别为 ρ_1 和 ρ_2 的两种岩层，以及一个电阻率为 ρ_3 的透镜体（阴影部分）。

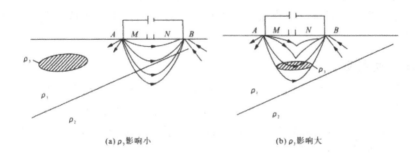

(a) ρ_3 影响小　　　　　　　　(b) ρ_3 影响大

图 2-1　四极装置建立的电场在地电断面中的分布图

向地下通电并进行测量，可以按（式 2-2）求出一个"电阻率"值。不过，它既不是 ρ_1，也不是 ρ_2 和 ρ_3，而是与三者都有关的物理量。用符号 ρ_s 表示，并称之为视电阻率，即：

$$\rho_s = K \frac{\Delta V_{MN}}{I} \qquad \text{(式 2-3)}$$

式中：ρ_s 为视电阻率（$\Omega \cdot m$）。

视电阻率实质上是在电场有效作用范围内各种地质体电阻率的综合影响值。

3. 电阻率法的实质

在地表不平、地下岩矿石导电性分布不均匀的条件下，对于测量电极距很小的梯度装置来说，MN 范围内的电场强度和电流密度均可视为恒定不变的常量。经推导得出视电阻率的微分形式为：

$$\rho_s = \frac{j_{MN}}{j_0} \cdot \rho_{MN} \frac{1}{\cos\alpha} \qquad \text{(式 2-4)}$$

式中：j_{MN}、j_0 分别为 MN 处和地表水平且地下为半无限均匀岩石的电流密度（A/m^2）为 MN 处的电阻率（$\Omega \cdot m$）；α 为 MN 处地形坡角（°）。

式（2-4）为起伏地形条件下，视电阻率的微分表示式。其应用条件是测量电极距 MN 较小。显然，如果地面水平，只是地下赋存有导电性不均匀地质体时，（式 2-4）可简化为：

$$\rho_x = \frac{j_{MN}}{j_0} \cdot \rho_{MN} \qquad \text{(式 2-5)}$$

在对视电阻率曲线进行定性分析时，经常用到（式 2-4）和（式 2-5）。

（二）电阻率法的仪器及装备

根据（式 2-3），电阻率法测量仪器的任务就是测量电位差 ΔV_{MN} 和电流 I。为适应野外条件，仪器除必须有较高的灵敏度、较好的稳定性、较强的抗干扰能力外，还必须有较高的输入阻抗，以克服测量电极打入地下而产生的"接地电阻"对测量结果的影响。

（三）电剖面法

电剖面法是电阻率法中的一个大类，它是采用不变的供电极距，并使整个或部分装置沿观测剖面移动，逐点测量视电阻率的值。由于供电极距不变，探测深度就可以保持在同一范围内，因此可以认为，电剖面法所了解的是沿剖面方向地下某一深度范围内不同电性物质的分布情况。

根据电极排列方式的不同，电剖面法又有许多变种。目前常用的有联合剖面法、对称剖面法和中间梯度法等。

1. 联合剖面法

联合剖面法是用两个三极装置 $AMN\infty$ 和 ∞MNB 联合进行探测的一种电剖面方法。所谓三极装置，是指一个供电电极置于无穷远的装置。

实际工作中，可以用不同极距的联合剖面曲线交点的位移来判断地质体的倾向。小极距反映浅部情况，大极距反映深部情况，若大、小极距的低阻正交点位置重合，说明地质体直立；若大极距相对于小极距低阻正交点有位移，说明地质体倾斜。

2. 中间梯度法

中间梯度法的装置示意图如图 2-2 所示。图中该装置的供电极距 AB 很大，通常选取为覆盖层厚度的 $70 \sim 80$ 倍。测量电极距 MN 相对于 AB 要小得多，一般选用

$$MN = \left(\frac{1}{50} \sim \frac{1}{30} \right) AB$$。工作中保持 A 和 B 固定不动，M 和 N 在 A、B 之间的中

部约 $\left(\frac{1}{3} \sim \frac{1}{2} \right) AB$ 的范围内同时移动，逐点进行测量，测点为 MN 的中点。中间梯度

法的电场属于两个异性点电源的电场。在 AB 中部的范围内电场强度（即电位的负梯度）变化很小，电流基本上与地表平行，呈现出均匀场的特点。这也就是中间梯度法名称的由来。中间梯度法的电场不仅在 A、B 连线中部是均匀的，而且在 A、B 连线范围内的测线中部也近似地是均匀的。所以，不仅可以在 A、B 两电极所在的测线上移动 M、N 极进行测量，也可以在 A、B 连线两侧范围内的测线上移动 M、N 极进行测量。中间梯度法这种"一线布极，多线测量"的观测方式，比起其他电剖面方法（特别是联合剖面法），其效率要高得多。

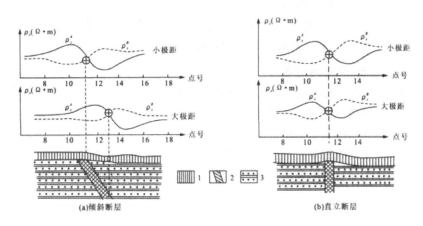

图 2-2　不同极距对比曲线同构造的关系图

1- 表土层；2- 断层；3- 高阻石英岩

中间梯度法的视电阻率必须指出，装置系数 K 不是恒定的，测量电极每移动一次都要计算一次 K 值。

中间梯度法主要用于寻找产状陡倾的高阻薄脉，如石英脉、伟晶岩脉等。这是因为在均匀场中，高阻薄脉的屏蔽作用比较明显，排斥电流使其汇聚于地表附近，j_{MN} 急剧增加，致使 ρ_s 曲线上升，形成突出的高峰。至于低阻薄脉，由于电流容易垂直通过，

只能使 j_{MN} 发生很小的变化，因而 ρ_s 异常不明显。

（四）电测深法

电测深法是探测电性不同的岩层沿垂向分布情况的电阻率方法。该方法采用在同一测点多次加大供电极距的方式，逐次测量视电阻率 ρ_s 的变化。我们知道，适当加大供电极距可以增大勘探深度，因此在同一测点上不断加大供电极距所测出的 ρ_s 值的变化，将反映出该测点下电阻率有差异的地质体在不同深度的分布状况。按照电极排列方式的不同，电测深法可以分为对称四极电测深、三极电测深、偶极电测深、环形电测深等方法，其中最常用的是对称四极电测深法。我们主要讨论对称四极测深法，如无特殊说明，所说的电测深法都是指对称四极电测深法。

由于电测深法是在同一测点上每增大一次极距 AB，就计算一个 K 值，因此其 K 值是变化的。

1. 二层断面的电测深曲线

二层地电断面含 ρ_1 和 ρ_2 两个电性层。设第一层厚度为 h_1，第二层厚度 h_2 为无穷大。按 ρ_1 和 ρ_2 的组合关系，可将地电断面分为 $\rho_1 > \rho_2$ 和 $\rho_1 < \rho_2$ 两种类型。与二层断面相对应的电测深曲线称为二层曲线。其中对应于 $\rho_1 > \rho_2$ 地断面的曲线定名为 D 型曲线，对应于 $\rho_1 < \rho_2$ 断面的定名为 G 型曲线。

在实际工作中，还有一种常见的情况是第二层电阻率 ρ_2 相对于 ρ_1 为无限大，此时二层曲线尾部呈斜线上升。在对数坐标上，其渐近线与横轴呈 45°相交。

2. 三层断面的电测深曲线

三层地电断面由 3 个电性层组成，各电性层的电阻率分别为 ρ_1、ρ_2 和 ρ_3。设第一、第二层厚度分别为 h_1 和 h_2，第三层厚度 h_3 为无穷大。

3. 多层断面的电测深曲线

4 个电性层组成的地电断面，相邻各层电阻率之间的组合关系，其测深曲线可以有 8 种类型，每种类型的电测深曲线用两个字母表示。第一个字母表示断面中的前 3 层所对应的电测深曲线类型，第二个字母表示断面中后 3 层所对应的电测深曲线类型。

为了反映一条测线的垂向断面中视电阻率的变化情况，常需用该测线上不同测深点的全部数据绘制等视电阻率断面图。其做法是：以测线为横轴，标明各测深点的位置及编号，以 $\dfrac{AB}{2}$ 为纵轴垂直向下，采用对数坐标或算术坐标；依次将各测深点处各种极距的 ρ_s 值标在图上的相应位置，然后按一定的 ρ_s 值间隔，用内插法绘出若干条等值线。

（五）高密度电阻率法

高密度电阻率法是一种在方法技术上有较大进步的电阻率法。就其原理而言，它与常规电阻率法完全相同。由于它采用了多电极高密度一次布设，并实现了跑极和数据采集的自动化，因此相对常规电阻率法来说，它具有许多优点：由于电极的布设是一次完成的，测量过程中无需跑极，因此可防止因电极移动而引起的故障和干扰；在一条观测剖面上，通过电极变换和数据转换可获得多种装置的 ρ_s 断面等值线图；可进行资料的现场实时处理与成图解释；成本低，效率高。

1. 观测系统

高密度电阻率法在一条观测剖面上，通常要打上数十根乃至上百根电极（一个排列常用60根），而且多为等间距布设。所谓观测系统是指在一个排列上进行逐点观测时，供电和测量电极采用何种排列方式。目前常用的有四电极排列的"三电位观测系统"、三电极排列的"双边三极观测系统"以及二极采集系统等。

（1）三电位观测系统

当相隔距离为 a 的4个电极，只需改变导线的连接方式，在同一测点上便可获得3种装置（α、β、γ）的视电阻率（ρ_s^α、ρ_s^β、ρ_s^γ）值，故称三电位观测系统，其中 a 即温纳装置，β 即偶极装置，γ 则称双二极装置。

3种装置的视电阻率及其相互关系表达式为：

$$\rho_s^\alpha = 2\pi a \frac{\Delta U_\alpha}{I}\ ;\quad \rho_s^\alpha = \frac{1}{3}\rho_s^\beta + \frac{2}{3}\rho_s^\gamma$$

$$\rho_s^\beta = 6\pi a \frac{\Delta U_\beta}{I}\ ;\quad \rho_s^\beta = 3\rho_s^\alpha + 2\rho_s^\gamma \qquad （式2-6）$$

$$\rho_s^\gamma = 3\pi a \frac{\Delta U_\gamma}{I}\ ;\quad \rho_s^\gamma = \frac{1}{2}\left(3\rho_s^\alpha - \rho_s^\gamma\right)$$

式中：ρ_s^α、ρ_s^β、ρ_s^γ 为3种装置（α、β、γ）的视电阻率（$\Omega \cdot m$）；ΔU_α、ΔU_β、ΔU_γ 为3种装置（α、β、γ）测得的电位差（V）；a 为电极间的距离，$a = nx$，x 为点距，$n = 1，2，3，\cdots，m$。

（2）双边三极观测系统

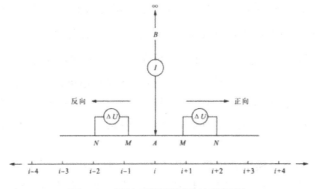

图 2-3　双边三极观测系统示意图

如图 2-3 所示，该系统是当供电电极 A 固定在某测点之后，在其两边各测点上沿相反方向进行逐点观测。当整条剖面测定后，在相同极距 AO（O 为 MN 中点）所对应的测点上均可获得两个三极装置的视电阻率值。它们之间的相互关系表达式，便可换算出对称四极、温纳、偶极以及双二极等装置的视电阻率，进而可绘出它们的 ρ_s 断面等值线图。

二、充电法

充电法最初主要用于矿体的详查及勘探阶段，其目的是查明矿体的产状、分布及其与相邻矿体的连接情况。此后，充电法在水文、工程地质调查中也被用来测定地下水的流速、流向，追索岩溶发育区的地下暗河等。

（一）充电法的基本原理

当对具有天然或人工露头的良导地质体进行充电时，实际上整个地质体就相当于一个大电极，若良导地质体的电阻率远小于围岩电阻率时，我们便可以近似的把它看成是理想导体。理想导体充电后，在导体内部并不产生电压降，导体的表面实际上就是一个等位面，电流垂直于导体表面流出后便形成了围岩中的充电电场。显然，当不考虑地面对电场分布的影响时，则离导体越近，等位面的形状与导体表面的形状越相似；在距导体较远的地方，等位面的形状便逐渐趋于球形。可见，理想充电电场的空间分布将主要取决于导体的形状、大小、产状及埋深，与充电点的位置是无关的。

当地质体不能被视为理想导体时，充电电场的空间分布将随充电点位置的不同而有较大的变化。所以，充电法也是以地质对象与围岩间导电性的差异为基础并且要求这种差异必须足够大，通过研究充电电场的空间分布来解决有关地质问题的一类电探方法。

为了观测充电电场的空间分布，充电法在野外工作中一般采用两种测量方法：一种是电位法；另一种是梯度法。电位法是把一个测量电极（N）置于无穷远处，并把该点作为电位的相对零点。另一个测量电极（M）沿测线逐点移动，从而观测各点相对于"无穷远"电极间的电位差。为了消除供电电流的变化对测量结果的影响，一般将测量结果用供电（即充电）电流进行归一，即把电位法的测量结果用 U/I 来表示。梯度法是使测量电极 MN 保持一定，沿测线移动逐点观测电极间的电位差 ΔU_{MN}，同时记录供电电流，其结果用 $\Delta U_{MN}/I_{MN}$ 来表示。梯度法的测量结果一般记录在 MN 中点，由于电位梯度值可正可负，故野外观测中必须注意 ΔU_{MN} 正、负号的变化。此外，在某些情况下，充电法的野外观测还可以采用追索等位线的方法。此时，一般以充电点在地表的投影点为中心，布设夹角为 45° 的辐射状测线，然后距充电点由远至近以一定的间隔追索等位线，根据等位线的形态和分布便可了解充电体的产状特征。

不难理解，当充电模型为理想充电球体时，则主剖面上的电位及梯度曲线形态将不再随剖面的方位而改变。此时，电位等值线的平面分布将为一簇同心圆。可见，球

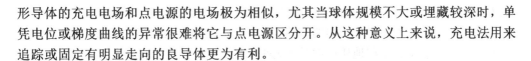

形导体的充电电场和点电源的电场极为相似，尤其当球体规模不大或埋藏较深时，单凭电位或梯度曲线的异常很难将它与点电源区分开。从这种意义上来说，充电法用来追踪或固定有明显走向的良导体更为有利。

（二）充电法的实际应用

充电法在水文工程及环境地质调查中，主要用来确定地下水的流速、流向，追索岩溶区的地下暗河分布等。

1. 测定地下水的流速、流向

应用追索等位线的方法来确定地下水的流速、流向，一般只限于含水层的埋深较小，水力坡度较大以及角岩均匀等条件下进行。具体做法是：首先把食盐作为指示剂投入井中，盐被地下水溶解后便形成一良导的并随地下水移动的盐水体；然后对良导盐水体进行充电，并在地表布设夹角为 45° 的辐射状测线；最后按一定的时间间隔来追索等位线。

为便于比较，一般在投盐前应进行正常场测量，若围岩为均匀和各向同性介质时，正常场等位线应近似为一个圆。投盐后测量便测得异常等位线。由于含盐水溶液沿地下水流动方向缓慢移动，因而使等位线沿水流方向具有拉长的形态。

2. 追索岩溶区的地下暗河

岩溶区灰岩电阻率高达 $n \times 10^3 \Omega \cdot m$，而溶洞水的电阻率只有 $n \times 10 \Omega \cdot m$，二者电性差异明显。在地形地质条件有利的情况下，利用充电法可以追踪地下暗河的分布及其延伸情况。

通常在进行充电法工作时，首先把充电点选在地下暗河的出露处，然后在垂直于地下暗河的可能走向方向上布设测线，并沿测线依次进行电位或梯度测量。图中给出了横穿某地下暗河剖面的电位及梯度曲线。显然，当将全部测量剖面上电位曲线的极大点及梯度曲线的零值点连接起来，这个异常轴就是地下暗河在地表的投影。

三、自然电场法

在电法勘探中，除广泛利用各种人工电场外，在某些情况下还可以利用由各种原因所产生的天然电场。目前我们能够观测和利用的天然电场有两类。一类是在地球表面呈区域性分布的大地电流场和大地电磁场，这是一种低频电磁场，其分布特征与较深范围内的地层结构及基底起伏有关。另一类是分布范围仅限于局部地区的自然电场，这是一种直流电场，往往和地下水的运动和岩矿的电化学活动性有关。观测和研究这种电场的分布，可解决找矿勘探或水文、工程地质问题，我们把它称为自然电场法。

（一）自然电场

1. 电子导体自然电场

利用自然电场法来寻找金属矿床时，主要是基于对电子导体与围岩中离子溶液间所产生的电化学电场的观测和研究。实践表明，与金属矿有关的电化学电场通常能在地表引起几十至几百毫伏的自然电位异常。由于石墨也属于电子导体，因此在石墨矿床或石墨化岩层上也会引起较强的自然电位异常，这对利用自然电场法来寻找金属矿床或解决某些水文、工程地质问题是尤为重要的。

自然状态下的金属矿体，当其被潜水面切割时，由于潜水面以上的围岩孔隙富含氧气，因此，这里的离子溶液具有氧化性质，所产生的电极电位使矿体带正电，围岩溶液中带负电。随深度的增加，岩石孔隙中所含氧气逐渐减少，到潜水面以下时，已变成缺氧的还原环境。因此，矿体下部与围岩中离子溶液的界面上所产生的电极电位使矿体带负电，溶液中带正电。矿体上、下部位这种电极电位差随着地表水溶液中氧的不断溶入而得以长期存在，因此，自然电场通常随时间的变化很小，以至我们可以把自然电场看成是一种稳定电流场。

2. 过滤电场

当地下水溶液在一定的渗透压力作用下通过多孔岩石的孔隙或裂隙时，由于岩石颗粒表面对地下水中的正、负离子具有选择性的吸附作用，使其出现了正、负离子分布的不均衡，因而形成了离子导电岩石的自然极化。一般情况下，含水岩层中的固体颗粒大多数具有吸附负离子的作用。这样，由于岩石颗粒表面吸附了负离子，结果在运动的地下水中集中了较多的正离子，形成了在水流方向为高电位、背水流方向为低电位的过滤电场（或渗透电场）。

在自然界中，山坡上的潜水受重力作用，从山坡向下逐渐渗透到坡底，出现了在坡顶观测到负电位，在坡底观测到正电位这样一种自然电场异常。这种条件下所产生的过滤电场也称为山地电场。

顺便指出，过滤电场的强度在很大程度上取决于地下水的埋藏深度以及水力坡度的大小。当地下水位较浅，而水力坡度较大时，才会出现明显的自然电位异常。

显然，从过滤电场的形成过程可见，在利用自然电场法找矿时，过滤电场便成为一种干扰。但是在解决某些水文、工程地质问题时，如研究裂隙带及岩溶地区岩溶水的渗漏以及确定地下水与地表水的补给关系等方面，过滤电场便成了主要的观测和研究对象。

3. 扩散电场

当两种岩层中溶液的浓度不同时，其中的溶质便会由浓度大的溶液移向浓度小的溶液，从而达到浓度的平衡，这便是我们经常见到的扩散现象。显然，在这一过程中，溶质小的正、负离子也将随着溶质而移动，但由于不同离子的移动速度不同，结果使两种不同浓度的溶液分别含有过量的正离子或负离子，从而形成被称为扩散电场的电动势。

除了电化学电场、过滤电场及扩散电场外，在地表还能观测到由其他原因所产生的自然电场，如大地电流场、雷雨放电电场等，这些均为不稳定电场，在水文及工程地质调查中尚未得到实际应用。

（二）自然电场法的应用

自然电场法的野外工作需首先布设测线测网，测网比例尺应视勘探对象的大小及研究工作的详细程度而定。一般基线应平行地质对象的走向，测线应垂直地质对象的走向。野外观测分电位法及梯度法两种：电位法是观测所有测点相对于总基点（即正常场）的电位值，而梯度法则是测量测线上相邻两点间的电位差。两种方法的观测结果可绘成平面剖面图及平面等值线图。

自然电场法除了在金属矿的普查勘探中有广泛的应用外，在水文地质调查中通过对离子导电岩石过滤电场的研究，可以用来寻找含水破碎带、上升泉，了解地下水与河水的补给关系，确定水库及河床堤坝渗漏点等。此外，自然电场法还可以用来了解区域地下水的流向等。

四、激发极化法

在电法勘探的实际工作中我们发现，当采用某一电极排列向大地供入或切断电流的瞬间，在测量电极之间总能观测到电位差随时间的变化，在这种类似充、放电的过程中，由于电化学作用所引起的随时间缓慢变化的附加电场的现象称为激发极化效应（简称激电效应）。激发极化法就是以岩（矿）石激电效应的差异为基础从而达到找矿或解决某些水文地质问题的一类电探方法。由于采用直流电场或交流电场都可以研究地下介质的激电效应，因而激发极化法又分为直流（时间域）激发极化法和交流（频率域）激发极化法。二者在基本原理方面是一致的，只是在方法技术上有较大的差异。

激发极化法近年来无论从理论上还是方法技术上均有了很大的进展，它除了被广泛地用于金属矿的普查、勘探外，在某些地区还被广泛地用于寻找地下水。该方法由于不受地形起伏和围岩电性不均匀的影响，因此在山区找水中受到了重视。

（一）激发极化特性及测量参数

岩（矿）石的激发极化效应可以分为两类：面极化与体极化。按理来说，二者并无差别，因为从微观来看，所有的激发极化都是面极化的。下面，我们以体极化为例来讨论岩（矿）石在直流电场作用下的激发极化特性。

1. 激发极化场的时间特性

激发极化场（即二次场）的时间特性与被极化体和围岩溶液的性质有关。图 2-4 表示体极化岩（矿）石在充、放电过程中激发极化场的变化规律。显然，在开始供电的瞬间，只观测到一次场电位差 ΔU_1，随着供电时间的增长，激发极化电场（即二次场电位差 ΔU_1）先是迅速增大，然后变慢，经过 $2 \sim 3 \mathrm{min}$ 后逐渐达到饱和。这是因为在充电过程中，极化体与围岩溶液间的超电压是随充电时间的增加而逐渐形成的。显然，在供电过程中，二次场叠加在一次场上，我们把它称为总场电位差，并用 ΔU 来表示。当断去供电电流后，一次场立即消失，二次场电位差开始衰减很快，然后逐渐变慢，数分钟后衰减到零。

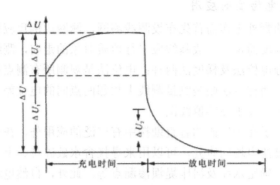

图 2-4 岩（矿）石的充、放电曲线图

2. 激发极化场的频率特性

交流激发极化法是在超低频电场作用下，根据电场随频率的变化来研究岩（矿）石的激电效应。图 2-5 是一块黄铁矿人工标本的激电频率特征曲线。由图可见，在超低频段（$0 \sim n\text{Hz}$）范围内，交放电位差（或者说由此而转换成的复电阻率）将随频率的升高而降低，我们把这种现象称为频散特性或幅频特性。由于激电效应的形成是一种物理化学过程，需要一定的时间才能完成，所以，当采用交流电场激发时，交流电的频率与单向供电持续时间的关系显然是：频率越低，单向供电时间越长，激电效应越强，因而总场幅度便越大；相反，频率越高，单向供电时间越短，激电效应越弱，总场幅度也越小。显然，如果适当地选取两种频率来观测总场的电位差后，便可从中检测出反映激电效应强弱的信息。

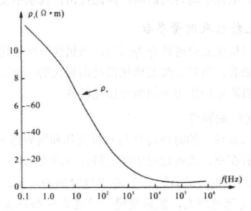

图 2-5 黄铁矿人工标本的激电频率特征曲线图

3. 激发极化法的测量参数

（1）视极化率（η_s）

视极化率是直流（或时域）激发极化法的一种基本测量参数。它的大小和分布反映了地下一定深度范围内极化体的存在及赋存状况。当地下岩（矿）石的极化率分布不均匀时，用某一电极装置的测量结果实际上就是各种极化体激发极化效应的综合反映。

（2）视频散率（P_s）

视频散率是交流（或频率域）激发极化法的一种基本测量参数。该参数是通过选用两种不同频率的电流供电时所测总场电位差来进行计算的。

视频散率也是地下一定深度范围内各种极化体激发极化效应的综合反映。由于直流激电和低频交流激电二者在物理本质上是完全一样的，因此在极限条件下即 $\Delta U(f_1 \rightarrow 0)$ 和 $\Delta U(f_2 \rightarrow 0)$ 时，两种方法会有完全相同的测量结果。

（3）衰减度（D）

衰减度是反映激发极化场（即二次场）衰减快慢的一种测量参数，用百分比表示。二次衰减越快，其衰减度就越小。

（二）极化球体上的激电异常曲线

在水文物探工作中，激发极化法可以采用各种电极装置形式，其中最常用的有中梯装置和对称四极测深装置。为了对它们的异常特征有一定的了解，以下仅以极化球为例加以说明。

1．激电中梯 η_s 曲线

中间梯度装置是时间域激电法中应用最广泛的一种电极装置类型，由于供电极距较大，并且测量是在 AB 中部 $\left(\dfrac{1}{3} \sim \dfrac{1}{2}\right)$ 地段进行，所以一次场比较均匀，当其中赋存高极化率地质体时，它将被水平均匀电场所激发，二次场的空间分布形态比较简单。

2．激电测深 η_s 曲线

图 2-6 为良导极化球体上不同测点位置的激电测深曲线。显然，η_s 曲线形状和测深点相对于球体的位置有关。当 $x = 0$ 时，即在球体的正上方，η_s 曲线相当于水平二层地电断面电阻率测深的 G 型曲线。这不难从电场分布随极距的变化来加以解释。

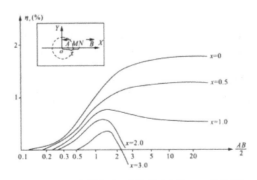

图 2-6　良导极化球体激电测深 η_s 曲线图

当极距（$AB/2$）较小时，电场主要分布于地表附近，极化球体的影响十分微弱，

故视极化率 η_s 接近于围岩的极化率 η_s，供电极距增大，电场分布范围加大，球体所产生的激电二次场影响加大，η_s 曲线逐渐上升；当极距很大时，球体赋存地段的电场相当于均匀场，此时 η_s 测深曲线便趋近于某一稳定值。显然，此稳定值的大小恰好等于极化球体上激电中间梯度 η_s 曲线的极大值。

此外，当 $x \neq 0$ 时，即测深点位于极化球体主剖面其他测点位置时，激电测深曲线的形态将随测点位置的不同而有明显的变化。即：随测深点位置偏离球心正上方，异常幅度逐渐减小；测深点坐标等于或大于球心埋深的一半时，曲线均出现极值，其形态和水平三层断面的 K 型视电阻率测深曲线相似；当极距 $AB/2 \to \infty$ 时，曲线趋近于比极大值要小的某一渐近值。由于此时球体处于均匀场中，因此各测深点的渐近值分别等于球体上中梯装置 η_s 曲线在相应测点的视极化率值。

（三）激发极化法在水文地质调查中的应用

从上述讨论可知，不同岩（矿）石的激发极化特性主要表现在二次场的大小及其随时间的变化上。在水文地质调查中，我们更重视表征二次场衰减特性的参数，如衰减度、激发比、衰减时等。激发极化法在水文地质调查中的应用主要有两点：一是区分含碳质的岩层与含水岩层所引起的异常；二是寻找地下水，划分出富水地段。

1. 用视极化率判别水异常

激发极化法在岩溶区找水时，由于低阻碳质夹层的存在，常会引起明显的电阻率法低阻异常，这些异常与岩溶裂隙水或基岩裂隙水引起的异常特征类似，给区分水异常带来了困难。由于碳质岩层不仅能引起视电阻率的低阻异常，同时还能引起高视极化率异常，而水则无明显的视极化率异常，因此，借助于激发极化法可识别碳质岩层对水异常的干扰。

2. 用二次场衰减特性找水

激发极化法在找水工作中的应用主要是利用了二次场的衰减特性，也就是说，当我们把停止供电后二次场随时间的衰减用某些参数表征时，借助于这些参数便可研究它与被寻找对象间的关系。

3. 衰减时法找水

在激电法找水中，我国近年来还成功地应用了衰减时法。所谓衰减时是指二次场衰减到某一百分比时所需的时间。也就是说，若将断电瞬间二次场的最大值记为100％的话，则当放电曲线衰减到某一百分数，比如说50％时，所需的时间即为半衰时。这是一种直接寻找地下水的方法，对寻找第四系的含水层和基岩孔隙水具有较好的应用效果。

第二节　电磁法勘探

一、频率电磁测深法

频率电磁测深法是电磁法中用以研究不同深度地电结构的重要分支方法，和直流电测深法不同，它是通过改变电磁场频率的方法来达到改变探测深度的目的。近年来，利用人工场源所进行的频率测深，在解决各类地质构造问题上获得了较好的地质效果。由于它具有生产效率高、分辨力强、等值影响范围小以及具有穿透高阻电性屏蔽层的能力，因而受到勘探地球物理界的普遍重视。

人工场源频率测深的激发方式有两种，其中一种是利用接地电极 AB 将交变电流送入地下，当供电偶极 AB 距离不很大时，由此而产生的电磁场就相当于水平电偶极场。另一种激发方式是采用不接地线框，其中通以交变电流后在其周围便形成了一个相当于垂直磁偶极场的电磁场。由于供电频率较低，对于地下大多数非磁性导电介质而言，可以忽略位移电流的影响，视之为似稳场，即在距场源较远的地段可以把电磁波的传播看成是以平面波的形式垂直入射到地表。通常，供电偶极（AB）距离的选择取决于勘探对象的埋藏深度，由于只有当极距 $r > 0.1\lambda$ 时，地电断面的参数对电磁场的观测结果才有影响。因此，一般选择极距 r 大于 $6 \sim 8$ 倍研究深度，即通常在所谓"远区"观测，这时才能显示出地电断面参数对被测磁场的影响。由于垂直磁偶极场远较水平电偶极场的衰减快，因此在较大深度的探测中多采用电偶极场源。但由于磁偶极场是用不接地线圈激发的，因此对某些接地条件较差的测区，或在解决某些浅层问题的探测中磁偶极源还是经常被采用的。

二、瞬变电磁法

（一）瞬变电磁剖面法

1. 工作装置

在瞬变电磁（TEM）法中，常用的剖面测量装置如图 2-7 所示。

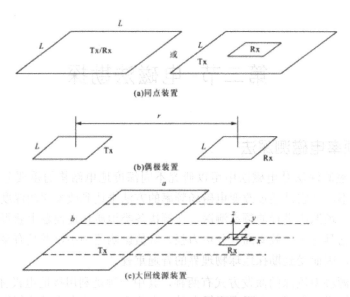

图 2-7   TEM 剖面测量装置

根据发、收排列的不同，它又分为同点、偶极和大回线源 3 种。同点装置中的重叠回线是发送回线（Tx）与接收回线（Rx）相重合敷设的装置。由于 TEM 法在供电和测量时间上是分开的，因此 Tx 与 Rx 可以共用一个回线，称之为共圈回线。同点装量是频率域方法无法实现的装置，它与地质探测对象有最佳的耦合，是勘查金属矿产常用的装置。偶极装置与频率域水平线圈法相类似，Tx 与 Rx 要求保持固定的发、收距、在瞬变电磁（TEM）法中，常用沿测线逐点移动观测 $\mathrm{d}B/\mathrm{d}t$ 值。大回线装置的 Tx 采用边长达数百米的矩形回线，Rx 采用小型线圈（探头）沿垂直于 Tx 边长的测线逐点观测磁场 3 个分量的 $\mathrm{d}B/\mathrm{d}t$ 值。

2. 观测参数

瞬变电磁仪器系统的一次场波形、测道数及其时间范围、观测参数及计算单位等，不同仪器有所差别。各种仪器绝大多数都是使用接收线圈观测发送电流脉冲间歇期间的感应电压 $V(t)$ 值，就观测读数的物理量及计量单位而言，大概可以分为以下 3 类。

（1）用发送脉冲电流归一的参数：仪器读数为 $V(t)/I$ 值，以 $\mu\mathrm{A}/\mathrm{A}$ 作计量单位。

（2）以一次场感应电压 V_1 归一的参数。

（3）归一到某个放大倍数的参数。

3. 时间响应

对于任意形态的脉冲信号，可以根据频谱分析分解成相应的频谱函数。对各个频率，地质体具有相应的频率响应。将频谱函数与其对应的地质体频率响应函数相乘，经过反变换，就可获得地质体对该脉冲信号磁场的时间响应。

4. 典型规则导体的剖面曲线特征

（1）球体及水平圆柱体上的异常特征

导电水平圆柱体上同测道的刻画曲线，异常为对称于柱顶的单峰，异常随测道衰减的速度决定于时间常数 τ 值，$\tau = \mu\sigma a^2 / 5.82$。

球体上也是出现对称于球顶的单峰异常，球体的时间常数 $\tau = \mu\sigma a^2 / \pi^2$，故在半径 a 相同的条件下，球体异常随时间衰减的速度要比水平圆柱体快得多，异常范围也比较小。在直立柱体上，也具有此类似的规律。

（2）薄板状导体上的异常特征

导电薄板上的异常形态及幅度与导体的倾角有关。当 $a = 90°$ 时，由于回线与导体间的耦合较差，异常响应较小，异常形态为对称于导体顶部的双峰；峰顶出现接近于背景值的极小值；不同测道的曲线，除了异常幅值及范围有所差别外，具有相同的特征。

当 $0° < \alpha < 90°$ 时，随 a 的减小，回线与导体间耦合增强，异常响应随之增强，但双峰不对称，在导体倾向一侧的峰值大于另一侧。极小值随 a 的减小而稍有增大，其位置也向反倾斜侧有所移动。

（二）瞬变电磁测深法

在瞬变电磁法中常用的测深装置有电偶源、磁偶源、线源和中心回线（图 2-8）。中心回线装置是使用小型多匝线圈（或探头）放置于边长为 L 的发送回线中心观测的装置，常用于 1km 以内浅层的探测工作。其他几种则主要用于深部构造的探测。

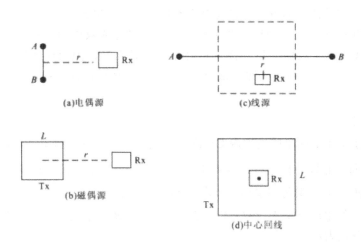

图 2-8　TEM 测深工作装置

仪器装置，一般认为，探测 1km 以内目标层的最佳装置是中心回线装置，它与目标层有最佳耦合、受旁侧及层位倾斜的影响小等特点，所确定的层参数比较准确。

线源或电偶源装置是探测深部构造的常用装置，它们的优点是由于场源固定，可以使用较大功率的电源，在场源两侧进行多点观测，有较高的工作效率。这种装置所观测的信号衰变速度要比中心回线装置慢，信号电平相对较大，对保证晚期信号的观测质量有好处。缺点是前支畸变段出现的时窗要比中心回线装置往后移，并且随极距

r 的增大向后扩展，使分辨浅部地层的能力大大减小。此外，这种装置受旁侧及倾斜层位的影响也较大。

三、可控源音频大地电磁测深法

可控源音频大地电磁测深法（CSAMT）是在大地电磁法（MT）和音频大地电磁法（AMT）的基础上发展起来的一种人工源频率域测深方法。它是基于观测超低频天然大地电场和磁场正交分量，计算视电阻率的大地电磁法。我们知道，大地电磁场的场源，主要是与太阳辐射有关的大气高空电离层中带电离子的运动有关。其频率范围从 $n\times10^{-4} \sim n\times10^{-2}$ Hz。由于频率很低，MT 的探测深度很大，达数十千米乃至一百多千米，是研究深部构造的有效手段。近年来，它也被用于研究油气构造和地热探测。

（一）方法概述

1. 场源

CSAMT 属人工源频率测深，它采用的人工场源有磁性源和电性源两种。磁性源是在不接地的回线或线框中，供以音频电流产生相应频率的电磁场。磁性源产生的电磁场随距离衰减较快，为观测到较强的观测信号，场源到观测点的距离（收、发距）r 一般较小（$n\times10^{2}$ m），故其探测深度较小 $\left(<\dfrac{1}{3}r\right)$，主要用于解决水文、工程或环境地质中的浅层问题。电性源是在有限长（$1 \sim 3$km）的接地导线中供音频电流，以产生相应频率的电磁场，通常称其为电偶极源或双极源。视供电电源功率不同，电性源 CSAMT 的收、发距离可达几米到十几千米，因而探测深度较大（通常可达 2km），主要用于地热、油气藏和煤田探测及固体矿产深部找矿。目前，电性源 CSAMT 应用较多。

2. 测量方式

图 2-9 示出了最简单的电性源 CSAMT 标量测量的布置平面图。通过沿一定方向（设为 X 方向）布置的接地导线 AB 向地下供入某一音频 f 的谐变电流 $I = I_0\mathrm{e}^{-i\alpha\omega}$；在其一侧或两侧 60°张角的扇形区域内，沿 x 方向布置测线，逐个测点观测沿测线（X）方向相应频率的电场分量 E_X 和与之正交的磁场分量 B_Y，进而计算卡尼亚视电阻率和阻抗相位，分别为：

$$\rho_s = \frac{1}{\omega\mu}\left|\frac{E_X}{B_Y}\right|^2$$

（式 2-7）

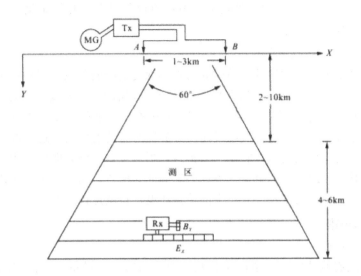

图 2-9 双源 CSAMT 标量测量布置平面图

（二）可控源音频大地电磁法应用实例

CSAMT 在该盆地的任务是探测奥陶系高阻灰岩顶面的起伏，研究其与上覆地层构造的继承关系，以查明该区的局部构造和断裂分布。野外观测采用 $AB = 2km$ 的双极源，供电电流为 $n \sim 20A$，测量电极距 $MN = 200m$，收、发距 $r = 6 \sim 10km$，大于探侧目标奥陶系灰岩顶面深度（$1 \sim 2km$）的 3 倍。测深点距一般为 500m，测深频段为 $2^{-1} \sim 2^{12}Hz$。

第三节 地震勘探

一、透射波法

在工程地震勘探中，透射波法主要用于地震测井（地面与井之间的透射）地面与地面之间凸起介质体的勘查，以及井与井之间地层介质体的勘查。地质目的不同，所采用的方法手段也不同。但从原理上讲，均是采用透射波理论，利用波传播的初至时间，反演表征岩土介质的岩性、物性等特性以及差异的速度场，为工程地质以及地震工程等提供基础资料或直接解决其问题。

（一）地面与井的透射

井口附近激发，井中不同深度上接收透射波的地震工作称为地震测井。在工程勘探中，地震测井按采集方式的不同，可分为单分量的常规测井、两分量或三分量的

PS 波测井以及用于测量地层吸收衰减参数的 Q 测井等。尽管采集方式不同，但方法原理基本一致。

1. 透射波垂直时距曲线

地震测井是测量透射波的传播时间与观测深度之间的关系，这种关系曲线叫作透射波垂直时距曲线。假设地下为水平层状介质，各层的透射速度分别为 V_1、$V_2 \cdots V_n$，厚度 h_1、$h_2 \cdots h_n$，各层底界面的深度为 Z_1、$Z_2 \cdots Z_n$。在地面激发，井中接收，透射波就相当于直达波。但是，由于波经过速度分界面时有透射作用，透射波垂直时距曲线比均匀介质中的直达波复杂。它是一条折线，折点位置与分界面位置相对应。因此，根据透射波垂直时距曲线的折点，可以确定界面的位置，而且，时距曲线各段直线的斜率倒数，就是地震波在各层介质中的传播速度，也就是该层的层速度。

2. 资料采集

（1）仪器设备

在工程地震测井中，主道的工程数字要采用的仪器设备有地面记录仪器，常用 6～24 道的工程数字地震仪以及转换面板（器）。井下带推靠装置的检波器，一般为单分量、两分量或三分量。多分量检波器主要用于纵、横波测量，激发装置，以及信号传输用电缆和简易绞车等。

（2）激发

激发方式有地面激发和井中激发两种。地面激发的方式主要有锤击、落重、叩板（横向击板）和炸药等方式。而对于井中激发，激发震源主要为炸药震源、电火花震源和机械振动震源。当激发力方向与地面垂直时，可激发出 P 型和 SV 型的透射波；当激发力方向与地面水平时，可激发出 SH 型的透射波。

（3）接收

井下检波器的功能为拾取地震波引起的井壁振动，并转换为电信号，通过电缆送给地面记录系统。一般要求其具有耐温、耐压和不漏电等性能。核心部分一般为机电耦合型的速度检波器，又称为换能器。对于单分量而言，其方位可以是垂直或水平放置（与地面相对而言）；对于两分量而言，换能器方位互为 90°角放置，即 1 个垂直、1 个水平；对于三分量而言，3 个换能器方位互为 90°角，即按 X-Y-Z 方向放置，井中有 2 个水平分量（X、Y）、1 个垂直分量（Z）。

对于地面激发、井中接收而言，测量顺序一般为从井底测到井口，并要求有重复观测点，以校正深度误差。接点至收点间距一般为 1～10m，可根据精度要求选择，也可采用不等距测量。对于地面井旁浅孔接收、井中激发，工作过程和要求与上文一致，只是激发和接收换了一个位置。

地面记录仪器因素的选择基本与反射波法一致。但是在测井中，我们需要的只是初至波，所以仪器因素的选择应以尽可能地突出初至波为标准。此外，为压制或减轻干扰，要求井下检波器与井壁耦合要好，检波器定位后要松缆并使震源与井口保持一定距离。

（4）干扰波

在地震测井中，主要的干扰波有电缆波、套管波、井筒波（又称为管波）以及其他噪声等。然而，对于透射的初至波造成干扰的主要干扰波为电缆波和套管波，下面简要介绍其特点。

电缆波是一种因电缆振动引起的噪声。引起电缆振动的原因包括地表井场附近或井口的机械振动以及地滚波扫过井口形成的新振动。在工程测井中，电缆波可能出现在初至区，从而影响初至时间的正确拾取。当检波器推靠不紧时，最易受电缆波的干扰。

减少电缆波干扰的方法有推靠耦合、适当松缆、减少地面振动（包括井口）、尽量在地面设法（如挖隔离沟等）克制面波对井口的干扰。

在下套管（钢管）的井中测量时，要求套管和地层（井壁）胶结良好（一般用水泥固井），否则，透射波将在胶结不良处形成新的沿套管传播的套管波。由于套管波的速度一般高于波在岩土中传播的速度，因此，它将对胶结不良的局部井段接收到的初至波形成干扰。

研究表明，套管波对纵波干扰严重，对转换波（SV）和横波（SH）影响较小。减少套管波干扰的办法是提高固井质量或采用对能迅速衰减套管波的薄壁塑料管、井用砂或油砂石回填，使套管和原状土良好接触。后期采用滤波的方式进行压制。

3. 资料的处理解释

不论 P 型还是 SH 型的初至波，拾取时间位置均为起跳前沿。拾取方法通常为人工或人机联作拾取。对于受到干扰的初至波，可在滤波后拾取，在滤波处理无效的情况下，也可拾取初至波的极大峰值时间，并经一定的相位校正后作为初至时间。对于 SH 型横波，可采用正、反两次激发所得的两个横波记录用重叠法拾取其初至时间。

（二）井间透射

这类测量方式需要两口或两口以上的钻井。它分别在不同的井中进行激发和接收。所利用的信息仍为透射的初至波。此时的初至波中除直达波外，还可能包含折射波（当井间距离较大时）。从方法上考虑，一般分为两种：一种为跨孔法；另一种为井间（或称为跨孔 CT）法。下面我们分别简述其方法技术。

1. 跨孔法

跨孔法又称为平均速度法，这是因为当震源孔与接收孔之间距离较大时，接收的初至波中可能既包含了直达波也包含了折射波，由此求得的速度将是孔间地层的某一平均速度，它包含了地层内部和某一折射层的信息。

跨孔法可以用来测量钻孔之间岩体纵、横波的传播速度、弹性模量及衰减系数等，这些参数可用于岩体质量的评价。

2. 井间法

该方法主要包括两个部分内容：第一是满足 CT 成像要求的资料采集方法；第二是透射 CT 成像技术。

（1）资料采集

由于是在井中激发和接收地震透射波，所利用的信息仍是初至波，因此，对仪器设备、激发和接收的方式及要求基本与地震测井相同。不同的是井中的激发点是多个，即从井底按一定间距激发至井口，另一井的接收用检波器也往往不是一个，而是按一定间距设置的检波器组，每激发一次，不同接收点位的多个检波器同时接收。为满足CT成像的技术要求，激发井和接收井采集一次后，激发和接收排列要互换井位再采集一次，以保证信息场的完备。

（2）透射CT成像技术

透射层析成像原理可表示为：

$$t_i = \int_{s_i} \frac{\mathrm{d}S}{V(X,Z)}, \quad (i=1,2,3,\cdots,N) \qquad (式 2\text{-}8)$$

式中：t 为透射波旅行时（s）；$V(X，Z)$ 为透射波在地层中的传播速度（m/s）；S_i 为射线路径。

（三）地面凸起介质的透射

对于地面凸起介质的勘查思路与井间透射法思路基本一致，但激发和接收所需的仪器设备完全采用地面地震勘探所用的仪器设备。检波器一般采用单分量的纵波或横波检波器。

对于规则形体的凸起物，当剖面线内的厚度较小时，可采用直达波的思想计算其凸起介质的速度分布，其做法类似于跨孔法，也可采用透射CT的思想反演其速度分布场；对于不规则形体的凸起介质，如坡度较大的岩土山梁等，一般采用透射CT技术进行速度成像。

二、反射波法

反射波法是在工程地震勘探中广泛应用的方法。在各种有弹性差异的分界面上都会产生反射波，反射波法主要用于探测断层，确定层状大地层速度、层厚度等。

（一）反射波法观测系统

在浅层反射波法现场数据采集中，为了压制干扰波和突出有效波，也可根据不同情况选择不同的观测系统，而使用最多的是宽角范围观测系统和多次覆盖观测系统。宽角范围观测系统是将接收点布置在临界点附近的范围进行观测，因为此范围内反射波的能量比较强，并且可避开声波与面波的干扰，尤其对"弱"反射界面其优越性更为明显。

多次覆盖观测系统是根据水平叠加技术的要求而设计的，为此先介绍一下水平叠加的概念。水平叠加又称共反射点叠加或共中心点叠加，就是把不同激发点、不同接收点上接收到的来自同一反射点的地震记录进行叠加，这样可以压制多次波和各种随机干扰波，从而大大地提高了信噪比和地震剖面的质量，并且可以提取速度等重要参数。多次覆盖观测系统是目前地震反射波法中使用最广泛的观测系统。

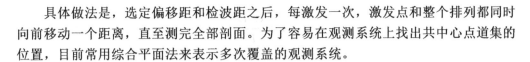

具体做法是，选定偏移距和检波距之后，每激发一次，激发点和整个排列都同时向前移动一个距离，直至测完全部剖面。为了容易在观测系统上找出共中心点道集的位置，目前常用综合平面法来表示多次覆盖的观测系统。

（二）反射波理论时距曲线

1. 水平界面的反射波时距曲线

设地下介质如图 2-10 所示，有一水平的波阻抗界面 R，界面埋深 h，界面上覆盖层的波速为 V_1。在 O 点激发产生的地震波传播到界面 R 以后，一部分能量反射回地面，在地面上 D_1, D_2, D_3 等各点接收到反射点 O^*，此点通常称为虚震源点。由于 O 点和 O^* 点以界面对称，这样可以把在地面上接收到的反射波，看作是具有波速 V_1 的介质充满整个空间，与由 O^* 点发射出来的直达波一样，于是我们可以很容易得出该反射波的时距曲线方程式为：

$$t = \frac{1}{V_1}\sqrt{(2h)^2 + x^2} \qquad \text{（式 2-9）}$$

式中：t 为接收到反射波的时间（s）；V_1 为界面上覆盖层的波速（m/s）；h 为界面埋深（h）；x 为发射点和接收点的水平距离（m）。

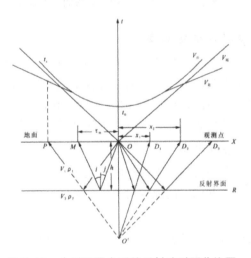

图 2-10　水平两层介质的反射波时距曲线图

2. 倾斜界面的反射波时距曲线

如图 2-11 所示，设有一倾斜反射界面 R，其倾角为 φ，覆盖层介质的波速为 V_1，若在 O 点进行激发，并沿工方向观测其反射波的走时，根据波射线的传播原理和虚震源法可得出相应的时距曲线方程。

同样我们可以把测线上任意一点 D 接收到的经 A 点反射的波，看作是由虚震源 O' 射出的直达波，则自震源 O 到达 D 点反射波的旅行时 t 可写成：

$$t = \frac{O^*D}{V_1}$$ （式2-10）

式中：t 为自震源 O 到达 D 点反射波的旅行时 $O'D$ 为 O' 到 D 点的距离。

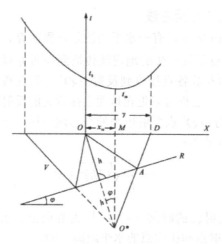

图 2-11　倾斜界面的反射波时距曲线图

（三）反射波资料处理及解释

目前，浅层反射波法现场采集的资料通常都是用多次覆盖观测系统得到的共激发点地震记录，其中除了有效波外还常伴随有各种干扰波，无法进行直接的地质解释。因此必须对这些资料进行滤波、校正、叠加等一系列的处理，得出可靠的反射波地震剖面后，才能做进一步的地质解释。反射波资料处理系统就是在此基础上设计的。

1. 反射波的资料处理系统

随着微机技术的应用和发展，国内外的一些部门和单位结合浅层反射波的特点先后开发出反射处理系统，并已广泛地应用于生产实践，取得了较好的经济效益。

2. 反射波法资料解释

野外采集的地震资料，经过处理之后，得到的主要成果资料是经过水平叠加（或偏移）的时间剖面。因此，它们是反射波资料进行地质解释的基础。在一般情况下，通过时间剖面上波的对比，可以确定反射层的构造形态、接触关系以及断层分布等情况。但是，这种地质解释的准确程度往往受到多种因素的影响。首先是资料采集和数据处理的质量，有较高的信噪比和分辨率的时间剖面是确保解释质量的基本条件。在采集或处理中，若方法或参数选择不当，也会影响地震剖面的质量，甚至造成假像，影响解释工作的准确性。另外，地震剖面的解释还受其分辨率的限制。

（1）时间剖面的表示形式

地震资料经过数字处理之后，每个CDP点记录到的振动图形均采用波形线和变面积的显示法来表示（使波形正半周部分呈黑色），这样即能显示波形特征，又能更醒目地表示出强弱不同的波动景观，便于波形的对比和同相轴追踪。

由于反射界面总有一定的稳定延续范围，来自同一反射界面的反射波形态也有相应的稳定性，在时间剖面中形成延续一定长度的清晰同相轴。又因为地震波的双程旅行时间大致和界面的法线深度成正比，因此，可以根据同相轴的变化定性地了解岩层起伏及地质构造等概况。但是，时间剖面不是反射界面的深度剖面，更不是地质剖面，必须要经过一定的时间深度转换处理，才能进行定量的地质解释。

（2）反射波的对比识别

在时间剖面上一般反射层位表现为同相轴的形式。在地震记录上相同相位的连线叫作同相轴。所以在时间剖面上反射波的追踪实际上就变为同相轴的对比。我们可以根据反射波的走时及波形相似的特点来识别和追踪同一界面的反射波。

主要是从波的强度幅频特性、波形相似性和同相性等标志，对波进行对比。这些标志并不是彼此孤立，也不是一成不变的。反射波的波形、振幅、相位与许多因素有关，一般来说激发、接收等受地表条件的影响，会使同相轴从浅到深发生相似的变化，而与深部地震地质条件变化有关的影响，则往往只使一个或几个同相轴发生变化。所以在波的对比中要善于分析研究各种影响因素，弄清同相轴变化的原因，并严格区分是地质因素，还是地表等其他因素。

另外在时间剖面的识别中，除了规则界面的反射波外，还应该对多次波、绕射波、断面波等一些特殊波的特征有足够的认识，只有这样才能进行正确的地质解释。

3. 时间剖面的地质解释

结合已知地层情况和钻孔资料，在时间剖面上找出特征明显、易于连续追踪的且具有地质意义的反射波同相轴，作为全区解释中进行对比的标准层。在没有标准层的地段，则可将相邻有关地段的构造特征作为参考来控制解释。

断层带的同相轴变化特征主要包括：反射波同相轴错位；反射波同相轴突然增减或消失；反射波同相轴产状突变，反射零乱或出现空白带；标准反射波同相轴发生分叉、合并、扭曲、强相位转换；等等。

沉积岩层中的不整合面往往是侵蚀面，其波阻抗变化较大，故反射波的波形和振幅也有较大的变化。特别是角度不整合，时间剖面常出现多组视速度有明显差异的反射波组，沿水平方向有逐渐合并和尖灭的趋势。

此外，当地震地质条件比较复杂，或处理过程中方法、参数选择不当时，将会使时间剖面上的同相轴发生突化，甚至造成假象，出现假构造，做出错误的解释。在工作中必须注意避免这种情况的发生。

三、折射波法

折射波法是工程地震勘探中应用最为广泛的，也是较为成熟的方法之一。当下层介质的速度大于上层介质时，以临界角入射的地震波沿下层介质的界面滑行，同时在上层介质中产生折射波。根据折射波资料可以可靠地确定基岩土覆盖层的厚度和速度，根据每层速度值判断地层岩性、压实程度、含水情况及地下潜水界面等。用折射波法可获得基岩面深度,这个深度是指新鲜基岩界面的埋深。当基岩土部风化裂隙发育或风化层较厚时,新鲜基岩面给出了硬质稳定的地下岩层,从而可以减少给工程带来危险性的机会。另外,还可由界面速度值确定地层岩性。利用折射波法可以准确地勾画出低速带,指示出断层、破碎带、岩性接触带等。

(一)折射波法观测系统

1. 测线类型

根据不同的工作内容,可选择不同类型的测线。当激发点和接收点在一条直线上时,称之为纵测线;当激发点和接收点不在一条直线上时,则称为非纵测线。在非纵测线中,根据各种不同的排列关系和相对位置又可分为横测线、弧形测线等。在工作中,纵测线是主要测线,而非纵测线一般只作为辅助测线来布置,它可以在某些特定情况下解决一些特殊问题(如探测古河床、断裂带等),以弥补纵测线的不足。

用纵测线观测时,根据测线间不同的组合关系可分为单支时距曲线观测系统、相遇时距曲线观测系统、多重相遇时距曲线观测系统以及追逐时距曲线观测系统等。时距曲线观测系统则是根据地震波的时距曲线分布特征所设计的观测系统。在各种时距曲线观测系统中,以相遇时距曲线观测系统使用最为广泛。

2. 相遇时距曲线观测系统

同一观测地段分别在其两端 O_1 和 O_2 点激发,可得到两支方向相反的相遇时距曲线 S_1 和 S_2。相遇时距曲线观测系统可弥补单一方向时距曲线的不足,可从不同方向反映界面的变化。

(二)折射波理论时距曲线

1. 水平界面的折射波时距曲线

假设地下深度为 h 处,有一个水平的速度分界面 R,其上、下两层的速度分别为 V_1 和 V_2 且 $V_1 > V_2$。如图 2-12 所示,从激发点 O 至地面接收点 D 的距离为 X,折射波旅行的路程为 OK、KE、ED 之和,则它的旅行时 t 为:

$$t = \frac{OK}{V_1} + \frac{KE}{V_2} + \frac{ED}{V_1} \qquad (式 2-11)$$

式中:t 为两层水平介质时折射波的旅行时(s);V_1,V_2 分别为速度分界面 R 上、下的折射波速度(m/s);OK、KE、ED 分别为各点间的距离(m)。

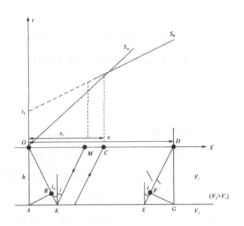

图 2-12　水平两层介质折射波时距曲线

2. 倾斜界面的折射波时距曲线

如图 2-13 所示，有一倾斜速度界面 R，下部介质速度 V_2 大于上覆介质速度 V_1，界面倾角为 φ，若分别在 O_1 和 O_2 点激发，可以得到两条方向相反的时距曲线，即下倾方向接收和上倾方向接收的曲线，现分别讨论如下。

如图 2-13 所示，若在 O_1 点激发，M_1O_2 段接收，这时接收段相对于激发点 O_1 为界面的下倾方向，折射波到达地面接收点 O_2 的走时，则有：

$$t = \frac{O_1A}{V_1} + \frac{AB}{V_2} + \frac{BO_2}{V_1} \qquad （式 2-12）$$

式中：t 为折射波到达地面接收点 O_2 的走时（s）；V_1、V_2 分别为第一层和第二层的速度（m/s）；O_1A、AB、BO_2 分别为各点的距离（m）。

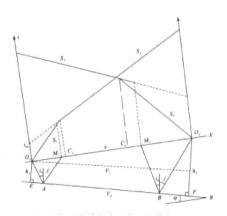

图 2-13　倾斜界面折射波时距曲线

从图中几何关系可知：

$$
\begin{cases}
O_1A = h_1 / \cos i, BO_2 = h_2 / \cos i \\
AB = x \cdot \cos\varphi - (h_1 + h_2)\tan i \\
h_2 = h_1 + x \cdot \sin\varphi
\end{cases}
\quad\text{（式 2-13）}
$$

（三）折射波资料的处理解释

这里所讨论折射波资料的处理和解释是对初至折射波而言。因此，首先必须对地震记录进行波的对比分析，从中识别并提取有效波的初至时间和绘制相应的时距曲线。

解释工作可分为定性解释和定量解释两个部分。定性解释主要是根据已知的地质情况和时距曲线特征，判别地下折射界面的数量及其大致的产状，是否有断层或其他局部性地质体的存在等，给选择定量解释方法提供依据。定量解释则是根据定性解释的结果选用相应的数学方法或作图方法求取各折射界面的埋深和形态参数。有时为了得到精确的解释结果，需要反复多次地进行定性和定量解释。然后可根据解释结果构制推断地质图等成果图件，并编写成果报告。

1. 折射波资料处理解释系统

折射波资料处理解释系统的一般过程如图 2-14 中的流程框图所示。从图中可以看出，在对地震记录拾取初至时间之前，先判别是否要做预处理。当有的地震记录中初至区干扰波较强，而有效波相对较弱时，则应在预处理中通过滤波、切除或均衡等方法压制干扰波，以保证对有效折射波的识别和正确地拾取初至时间。这一工作对计算机自动判别拾取初至时间，则更为重要。若地震记录中干扰小，初至折射波很清晰，则不必做预处理。

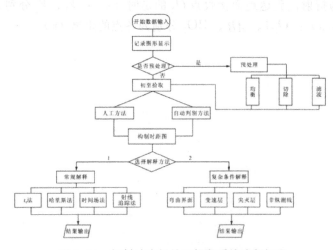

图 2-14　折射波资料处理解释系统流程框图

在解释方法的选择中，可分为常规解释方法和复杂条件解释方法两类，各类中又分别包含各种不同的方法和不同的情况。通常当折射界面为正常的水平或倾斜速度界面时，可选用常规的解释方法，若是其他一些特殊形态的地质体和岩层，则应选用相应的复杂方法进行解释。关于各种不同情况折射波的解释方法，都是根据地震波的射线传播原理和几何关系得出的。

2. t_0 法求折射界面

t_0 法又称 t_0 差数时距曲线法，是解释折射波相遇时距曲线最常用的方法之一。在折射界面的曲率半径比其埋深大得多的情况下，t_0 法通常能取得较好的效果，且具有简便快速的优点。

其方法原理如图 2-15 所示。设有折射波相遇时距曲线 S_1 和 S_2 两者的激发点分别为 O_1 和 O_2，若在剖面上任意取一点 D，则在两条时距曲线上可分别得到其对应的走时 t_1 和 t_2。

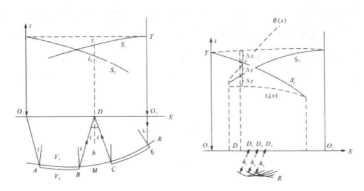

图 2-15　t_0 法求折射波界面示意图

3. 非纵测线的解释

精确地解释非纵测线时距曲线要比解释纵测线的时距曲线困难得多，因为它的激发点远离测线，涉及到的空间变化更大，影响因素也就更多，因此不可能提出一个较精确的解释方法，这里只介绍一个近似估算深度的方法。

假设，有一横测线 $\overline{AB}$，激发点 O 在测线 $\overline{AB}$ 上的投影点为 C，$\overline{OC}$ 两点的距离为 r（图 2-16）。当下面的界面为水平时，则在 $\overline{AB}$ 剖面上折射波时距方程有如下形式：

$$t = \frac{1}{V_2}\sqrt{r^2 + X^2} + \frac{2h_0}{V_1}\cos i \qquad （式 2-14）$$

对于不是水平的情况，则可以写成：

$$t = \frac{1}{V_2}\sqrt{r^2 + X^2} + \frac{h_0}{V_1}\cos i + \frac{h_C}{V_1}\cos i \qquad （式 2-15）$$

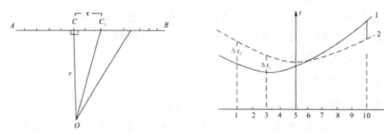

图 2-16 非纵测线时距曲线的对比解释示意图

从上述方程式可知，非纵测线的折射波时距曲线为双曲线形态，和反射波的时距曲线形态有些相似。对于水平界面来说，是一支对称于 C 点的双曲线，但是实际界面可以是任意的形状，因此所得到的曲线也可能是对称和光滑的，相对于水平界面，对称双曲线有"超前"或"滞后"的变化。这种"超前"或"滞后"的时间差，可以认为是由于界面深度的变化所致，因此可根据实测曲线和理论曲线之间的时差来估算界面深度的变化，从而给出界面的起伏形态。具体做法是，读出实测时距曲线和理论时距曲线在各测点上的时差 Δt_i。以时差 $\Delta t_i = 0$ 的点作为"基准点"，$\Delta t_i > 0$ 表示该点界面深度大于"基准点"，$\Delta t_i < 0$ 表示该点界面深度小于"基准点"，校正值的计算公式为：

$$\Delta h_i = \frac{\Delta t_i \cdot V}{\cos i} \tag{式 2-16}$$

第四节 物探方法的综合应用

一、地基土勘测的物探方法

物探方法在地基土勘测中主要用来查明施工场地及外围的地下地质情况，对地基土进行详细的分层，测定土的动力学参数，提供地基土的承载力等。目前最常用的物探方法是弹性波速原位测试方法中的检层法和跨孔法。就测量剪切波而言，检层法是测量竖直方向上水平扳动的 SH 波，而跨孔法是测量水平方向的 SV 波。理论上对于同一空间点 SH 波与 SV 波的波速应是相同的，但在实际测试过程中，由于检层法带有垂直方向的平均性，而跨孔法带有水平方向的平均性，因此两者实测结果并不完全相同，一般 SV 波的速度稍大于 SH 波的速度。由于水平传播的弹性波有利于测定多层介质的各层速度，因此需精确测定各层参数时，应采用跨孔法。

（一）场地土的分层和分类

1. 场地土的分层

在平原地区，地基土层中的剖面结构特点是具有水平或微倾斜产状的层理，各层位的物理性质是不同的，其波速值决定于上部岩层的压力和岩石本身的密度。

2. 场地土的分类

利用剪切波波速 V_s 作为场地土的分类依据列入铁路工程抗震设计规范中，如表2-1所示。

表 2-1 场地类别划分

场地类别	I	II	III
场地平均剪切波 V_{s_m} （m/s）	> 500	500 ～ 140	< 140

（二）液化土的判别

实际工作中，判别是否发生液化可通过地基在振动力作用下产生的剪应变 r_e 和抗液化的临界剪应变 r_l 做对比来实现。若 $r_e \leqslant r_l$，砂土末发生液化；若 $r_e > r_l$，则已发生液化。一般 r_e 的取得是通过测定剪切波波速 V_s，然后利用（式2-17）计算得出：

$$r_e(\%) = G \cdot \frac{a_{max} \cdot Z}{V_s^2} \cdot \gamma \qquad （式 2-17）$$

式中：r_e 为振动力作用下产生的剪应变（mm）；G 为和相应最大切应变等有关的常数；Z 为层中计算点的深度（m）；V_s 为层中横波速度（m/s）；a_{max} 为地震时地面的最大加速度（m/s^2）；γ 为深度 Z 以上砂土层的容重（kN/m^3）。

（三）场地处理前后的土动力学参数评价

由于有砂土液化问题，工程施工前要对场地进行处理。处理后的场地是否符合要求，对于建筑物的安全十分重要。因此，场地处理前后需对土动力学性能进行评价。

二、岩体的波速测试

岩体通常是非均质的和不连续的集合体（地质体）。不同的岩性具有不同的物理性质，如基性岩和超基性岩的弹性波速度最高，达 6500 ～ 7500m/s；酸性火成岩稍低一些；沉积岩中灰岩最高，往下依次是砂岩、粉砂岩、泥质板岩等。目前岩体测试广泛采用地震学方法，重要原因就是速度值与岩石的性质和状态之间存在着依赖关系。这种依赖关系可用来进行岩体结构分类、岩体质量评价、岩体风化带划分，以及评价岩体破裂程度、裂隙度、充水量和应力状态等。

（一）岩体的工程分类及断层带

岩体工程分类的目的在于预测各类岩体的稳定性，进行工程地质评价。根据地球物理调查研究结果,将岩体划分为具一定地球物理参数、不同水平和级别的块体及岩带。

（二）风化带划分

通常岩石愈风化,其孔隙率和裂隙率愈高,造岩矿物变为次生矿物的比例愈大,性质愈软弱,地震波传播的速度也愈小。因此人们可以利用测定特征波的波速,对风化带进行分层。

（三）岩体裂隙定位

一般岩体裂隙定位有两种情况,一种是在探洞、基坑或露头上已见到一些裂隙,要求在钻孔中予以定位;另一种则是在岩石上未见到,但要求预测钻孔在不同深度上是否存在显著的裂隙或软弱结构面。这对于岩体加固,尤其是预应力锚索很重要。超声波法、声波测井、地震剖面法等已成功地应用于定量研究评价裂隙性。根据这些方法的测量结果,可以取得覆荒地区岩石裂隙发育程度的定量特性,而在钻井中可取得包括破碎岩段和通常无法用岩芯研究的构造断裂带在内的全剖面裂隙特征。

（四）岩体动态参数的测试

在大多数工程地质参数之间以及地震参数与工程地质参数之间存在着相互依赖的关系,从而使应用地震学方法对工程地质参数（如静弹性模量、动弹性模量、动剪切模量、泊松比、岩体孔隙裂隙度等）进行估算成为可能。根据测定岩体的纵波速度 V_p 和横波速度 V_s,可计算出动弹性模量 E_m、动剪切模量 G_m 和动泊松比 σ_m。

在一些工程设计中,如核电站的抗震设计及各种建筑物、重大设备及辅助设施的设计中,一般均要求提供岩石的动态特性参数。

（五）岩体及灌浆质量评价

岩体质量评价主要包括两个方面内容:岩体强度和变形性。岩体强度是岩体稳定性评价的重要参数,但对现场岩体进行抗压强度测试,目前是很困难的;岩体变形特性和变形量大小,主要取决于岩体的完整程度。对现场岩体进行变形特性试验,工程地质通常采用千斤顶法、狭缝法等静力法,这些方法不可能大量做。由于岩体强度特性和变形特性与弹性波速度 V_p 及 V_s 有关,故可用地震法或声波法,在岩体处于天然状态条件下进行观测,确定现场岩体的强度特性和变形特性,并可大范围地反映岩体特性。根据测得的岩体波速,即可计算出岩体的动弹性模量、动剪切模量等参数。

前面介绍了天然状态下岩体质量的评价方法,但在工程中常常因为天然状态下的岩体强度不够,表现出很高的孔隙度、裂隙度和变形程度,需要人为地改善这些性质。如对于有裂隙的坚硬岩体,一般采用加固灌浆的方法,即在高压下对一些专门用来加固的钻孔压入水泥灰浆,人为地改善它的结构性能。水泥渗透到空隙和裂隙内,经过一段时间的凝固,结果形成了较大块的岩体。由此,可以提高岩体的各种应变指标,减少或完全防止加固地段承压水的渗透。这样也就需要对人为改善岩体性质的岩体进行质量检验。

第三章 工程地质测绘、调查及岩土测试设计

第一节 工程地质测绘和调查

一、工程地质测绘的目的和要求

对地质条件复杂或有特殊要求的工程项目，应进行工程地质测绘。对地质条件简单的场地，可用调查代替工程地质测绘。工程地质测绘宜在可行性研究或初步勘察阶段进行，在详细勘察阶段可对某些专门地质问题做补充测绘。测绘是为了研究拟建场地的地层、岩性、构造、地貌、水文地质条件和不良地质作用，为场址选择和勘察方案的布置提供依据。

（一）测绘范围和测绘比例尺

1. 测绘范围的确定

工程地质测绘的范围应包括建设场地及其附近地段，以解决实际问题为前提。具体确定可考虑如下要求：

（1）工程建设引起的工程地质现象可能影响的范围。

（2）影响工程建设的不良地质作用的发育阶段及其分布范围。

（3）对查明测区地层岩性、地质构造、地貌单元等问题有重要意义的邻近地段。

（4）地质条件特别复杂时可适当扩大范围。

2. 比例尺的选择

工程地质测绘的比例尺一般分为以下三种：

（1）小比例尺测绘：比例尺1：5000～1：50000，一般在可行性研究勘察（选址勘察）时采用。

（2）中比例尺测绘：比例尺1：2000～1：5000，一般在初步勘察时采用。

（3）大比例尺测绘：比例尺1：500～1：2000，适用于详细勘察阶段。当地质条件复杂或建筑物重要时，比例尺可适当放大。

（二）测绘精度要求

测绘的精度要求主要是指图幅的精确度。精确度包括测绘填图时所划分单元的最小尺寸及实际单元的界线在图上标定时的误差大小两个方面。

（1）测绘填图时所划分单元的最小尺寸，一般为2mm，即大于2mm者均应标示在图上。根据这一要求，各种单元体标示在图上的容许误差为2mm乘以图幅比例尺分母。在实际工作中还应结合工程的要求，对建筑工程具有重要影响的地质单元，即使小于2mm，也应用扩大比例尺的方法标示在图上，并注明其实际数据；对与建筑工程关系不大且相近似的几种单元，可合并标示。

（2）测绘精度：地质界线和地质观测点的测绘精度，在图上不应低于3mm。

（3）为了达到精度要求，一般在野外测绘填图时，采用比提交成图比例尺大一级的地形图作为填图底图，如进行1：10000比例尺测绘时，常采用1：5000的地形图作为外业填图底图，外业填图完成后再缩成1：10000的成图，提交正式资料。

（三）观测点、线布置

1. 布置原则

根据测绘精度要求，需在一定面积内满足一定数量的观测点和观测路线。观测点的布置应尽量利用天然露头，当天然露头不足时，可布置少量的勘探点，并选取少量的土试样进行试验。在条件适宜时，可配合进行一定的物探工作。

每个地质单元体均应有观测点。观测点一般应定在下列部位：不同时代的地层接触线、岩性分界线、地质构造线、标准层位、地貌变化处、天然和人工露头处、地下水露头和不良地质作用分布处。

2. 观测点数量、间距

地质观测点的密度应根据场地的地貌、地质条件、成图比例尺和工程要求等确定，并应有代表性。

二、测绘的准备工作

（一）资料收集和研究

（1）区域地质资料：如区域地质图、地貌图、构造地质图、矿产分布图、地质剖面图、柱状图及其文字说明。应着重研究地貌、岩性、地质构造和新构造运动的活动迹象。

（2）遥感资料：地面摄影和航片、卫片及解译资料。

（3）气象资料：区域内主要气象要素，如气温、气压、湿度、风速、风向、降水量、蒸发量、降水量随季节变化规律及冻结深度。

（4）水文资料：水系分布图、水位、流速、流量、流域面积、径流系数及动态、洪水淹没范围等资料。

（5）水文地质资料：地下水的主要类型、埋藏深度、补给来源、排泄条件、动态变化规律和岩土的透水性及水质分析资料。

（6）地震资料：测区及其附近地区地震发生的次数、时间、地震烈度、造成的灾害和破坏情况，并应研究地震与地质构造的关系。

（7）地球物理勘探和矿产资料。

（8）工程地质勘察资料：各种线路、桥梁、厂矿建筑及水利工程等工程地质勘察资料，并研究各种岩土的工程性质和特征，了解不良地质作用的位置和发育程度。

（9）建筑经验：已有建筑物的结构、基础类型和埋深，采用的地基承载力，建筑变形情况、沉降观测资料等。

（二）踏勘

现场踏勘是在收集资料的基础上进行的，目的在于了解测区地质情况和问题，以便合理地布置观测点和观察路线，正确布置实测地质剖面位置，拟订野外工作方法。

踏勘的方法和内容：

（1）根据地形图，在测区内按固定路线进行踏勘，一般采用"之"字形、曲折迂回而不重复的路线，穿越地形、地貌、地层、构造、不良地质作用等有代表性的地段，初步掌握地质条件的复杂程度。

（2）为了解全区的岩层情况，在踏勘时应选择露头良好、岩层完整有代表性的地段作出野外地质剖面，以便熟悉地质情况和掌握岩土层的分布特征。

（3）访问和收集洪水及其淹没范围等。

（4）寻找地形控制点的位置，并抄录坐标、高程资料。

（5）了解测区的交通、经济、气候、食宿等条件。

（三）编制测绘纲要

测绘纲要是进行测绘的依据，勘察任务书或勘察纲要是编制测绘纲要的重要依据。必须充分了解设计内容、意图、工程特点和技术要求，以便按要求进行工程地质测绘。测绘纲要一般包括在勘察纲要内，特殊情况也可单独编制。

测绘纲要内容包括以下几个方面：

（1）工程任务情况：测绘目的、要求，测绘范围和比例尺。

（2）测区自然地理条件：位置、交通、水文、气象、地形、地貌特征。

（3）测区地质概况：地层、岩性、构造、地下水、不良地质作用。

（4）工作量、工作方法和精度要求：工作量包括观察点、勘探点、室内和野外测试工作。

（5）人员组织和经济预算。

（6）设备、器材和材料计划。

（7）工作计划及实施步骤。

（8）要求提交的资料、图件。

三、测绘方法

（一）像片成图法

利用地面摄影或航空（卫星）摄影像片，先在室内进行解译，划分地层岩性、地质构造、地貌、水系和不良地质作用等，并在像片上选择若干点和路线，然后去实地进行校对修正，绘成底图，然后转绘成图。

利用遥感影像资料解译进行工程地质测绘时，现场检验地质观测点数宜为工程地质测绘点数的 30%～50%。野外工作应包括下列内容：

（1）检查解译标志。

（2）检查解译结果。

（3）检查外推结果。

（4）对室内解译难以获得的资料进行野外补充。

（二）实地测绘法

常用的方法有三种：路线法、布点法和追索法。

1. 路线法

沿着一定的路线，穿越测绘场地，把走过的路线正确地填绘在地形图上，并沿途详细观察地质情况，把各种地质界线、地貌界线、构造线、岩层产状和各种不良地质作用等标绘在地形图上。路线形式有 S 形或直线形。路线法一般用于中、小比例尺。

在路线测绘中应注意以下问题：

（1）路线起点的位置，应选择在有明显的地物，如村庄、桥梁或特殊地形处。

（2）观察路线的方向，应大致与岩层走向、构造线方向和地貌单元相垂直，这样可以用较少的工作量获得较多的成果。

（3）观察路线应选择在露头及覆盖层较薄的地方。

2. 布点法

布点法是工程地质测绘的基本方法，也就是根据不同的比例尺预先在地形图上布置一定数量的观察点和观察路线。观察路线长度必须满足要求，路线力求避免重复，使一定的观察路线达到最广泛的观察地质现象的目的。

3. 追索法

追索法是一种辅助方法，是沿地层走向或某一构造线方向布点追索，以便查明某些局部的复杂构造。

（三）测绘对象的标测方法

根据不同比例尺的要求，对观察点、地质构造及各种地质界线的标测采用目测法、半仪器法和仪器法。

1. 目测法

目测法是根据地形、地物目估或步测距离。目测法适用于小比例尺工程地质测绘。

2. 半仪器法

半仪器法是用简单的仪器（如罗盘仪、气压计等）测定方位和高程，用徒步仪或测绳量距离。

半仪器法的具体标测方法有下面三种：

（1）三点交会法：当地形、地物明显时采用。

（2）根据气压计结合地形测定。

（3）导线法：从较标准的基点（如三角控制点、水准点或较准确的地物点），向被测目标作导线，用测绳及罗盘测定。

半仪器法适用于中比例尺的工程地质测绘。重要的观测点应采用仪器法测定。

3. 仪器法

仪器法适用于大比例尺工程地质测绘，用全站仪等较精密的仪器测定观测点的位置和标高。

地质观测点的定位应根据精度要求选用适当方法；地质构造线、地层接触线、岩性分界线、软弱夹层、地下水露头和不良地质作用等特殊地质观测点，应采用仪器定位。

4. 卫星定位系统（GPS）

GPS在满足精度条件下均可应用，是目前常用的标测方法。

四、测绘和调查的内容

（一）地貌

（1）调查地貌的成因类型和形态特征，划分地貌单元，分析各地貌单元的发生、发展及其相互关系，并划分各地貌单元的分界线。

（2）调查微地貌特征及其与地层岩性、地质构造和不良地质作用的联系。

（3）调查地形的形态及其变化情况。

（4）调查植被的性质及其与各种地形要素的关系。

（二）地层岩性

1. 沉积岩地区

（1）了解岩相的变化情况、沉积环境、接触关系，观察层理类型，岩石成分、结构、厚度和产状要素。

（2）对岩溶应了解岩溶发育规律和岩溶形态的大小、形状、位置、充填情况及岩溶发育与岩性、层理、构造断裂等的关系。

（3）对整个测区应绘制地层岩性剖面图，以了解地层岩性的变化规律和相互关系。

2．岩浆岩地区

应了解岩浆岩的类型、形成年代、产状和分布范围，并详细研究：

（1）岩石结构、构造和矿物成分及原生、次生构造的特点。

（2）与围岩的接触关系和围岩的蚀变情况。

（3）岩脉、岩墙等的产状、厚度及其与断裂的关系，以及各侵入体间的穿插关系。

3．变质岩地区

（1）调查变质岩的变质类型（区域变质、接触变质、动力变质、混合变质等）和变质程度，并划分变质带。

（2）确定变质岩的产状、原始成分和原有性质。

（3）了解变质岩的节理、劈理、片理、带状构造等微构造的性质。

（三）地质构造

（1）调查各构造形迹的分布、形态、规模和结构面的力学性质、序次、级别、组合方式及所属的构造体系。要特别注意对软弱结构面（或软弱夹层）产状和性质的研究。

（2）研究褶皱的性质、类型和两翼的产状、对称性及舒展程度。还应注意褶皱轴部岩层的破碎和两翼层间错动情况，以及水文地质、工程地质特性。

（3）研究断裂构造的性质、类型、规模、产状、上下盘相对位移量及断裂带宽度、充填物和胶结程度。还应特别注意断裂交会带的情况，并着重研究断裂破碎及影响带的宽度和构造岩的水文地质、工程地质特性，以及断裂的产状、规模和性质在不同地段的变化情况。

（4）研究新构造运动的性质、强度、趋向、频率，分析升降变化规律及各地段的相对运动，特别是新构造运动与地震的关系。

（5）调查节理、裂隙的产状、性质、宽度、成因和充填胶结程度。对大、中比例尺工程地质测绘，应结合工程建筑的位置，选择有代表性的地段和适当的范围，进行节理、裂隙的详细调查，为研究岩体工程地质特性，进行有关工程地质问题分析和评价提供资料。

对裂隙测绘调查的结果，应进行下列计算和绘制有关图件：

裂隙发育方向玫瑰图。裂隙走向玫瑰图的编制方法：作任意大小的半圆，画上方向和刻度，将裂隙走向按每5°或10°分组，统计每一组内的裂隙条数和平均走向，自半圆中心沿半径引辐射直线，直线长度（按比例）代表每一组裂隙的条数，直线的方位代表每一组裂隙平均走向的方位，然后将各组裂隙辐射线的端点连起来，即成玫瑰图（见图3-1）。

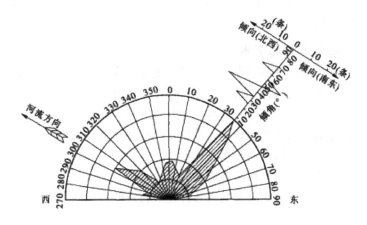

图 3-1　节理玫瑰图

裂隙数量的统计用裂隙率表示。裂隙率 K_j 即一定露头面积内裂隙所占的面积，其计算式如下

$$K_j = \frac{\sum A_j}{F} \qquad （式 3-1）$$

式中 $\sum A_j$ ── 裂隙面积的总和，m^2；

F ── 所测量的露头面积，m^2。

（四）不良地质作用

（1）调查滑坡、崩塌、岩堆、泥石流、蠕动变形、移动砂丘等不良地质作用的形成条件、规模、性质及发展状况。

（2）当基岩裸露地表或接近地表时，应调查岩石的风化程度。研究岩体风化情况，分析岩体风化层厚度、风化物性质及风化作用与岩性、构造、气候、水文地质条件和地形地貌等因素的关系。

（3）调查人类活动对场地稳定性的影响，包括人工洞穴、地下采空、大挖大填、抽水排水和水库诱发地震等；建筑物的变形和工程经验。

（五）第四纪地质

（1）确定沉积物的年代。

（2）划分成因类型。

（3）第四纪沉积物的岩性分类及其变化规律。

①根据第四纪沉积物的沉积环境、形成条件、颗粒组成、结构、特征、颜色、浑圆度、湿度、密实程度等因素进行岩性划分，并确定土的名称。

②第四纪沉积物的岩性、成分和厚度很不稳定，必须详细研究沉积物在水平方向和垂直方向上的变化规律。

③特殊性土的研究：特殊性土主要包括湿陷性黄土、红黏土、软土、填土、冻土、膨胀性土和盐渍土等。

（六）地表水和地下水

（1）调查河流及小溪的水位、流量、流速、洪水位标高和淹没情况。

（2）了解水井的水位、水量、变化幅度及水井结构和深度。

（3）调查泉的出露位置、类型、温度、流量和变化幅度。

（4）查明地下水的埋藏条件、水位变化规律和变化幅度。

（5）了解地下水的流向和水力梯度。

（6）调查地下水的类型和补给来源。

（7）了解水的化学成分及其对各种建筑材料的腐蚀性。

五、资料整理

（一）检查外业资料

（1）检查各种野外记录所描述的内容是否齐全。

（2）详细核对各种原始图件所划分的地层、岩性、构造、地形地貌、地质成因界线是否符合野外实际情况，在不同图件中相互间的界线是否吻合。

（3）野外所填的各种地质现象是否正确。

（4）核对收集的资料与本次测绘资料是否一致，如出现矛盾，应分析其原因。

（5）整理核对野外采集的各种标本。

（二）编制图表

根据工程地质测绘的目的和要求，编制有关图表。工程地质测绘完成后，一般不单独提出测绘成果，往往把测绘资料依附于某一勘察阶段，使某一勘察阶段在测绘的基础上作深入工作。

工程地质测绘的图件包括实际材料图、综合工程地质图、工程地质分区图、综合地质柱状图、综合工程地质剖面图、工程地质剖面图及各种素描图、照片和有关文字说明。对某个专门的岩土工程问题，尚可编制专门的图件。

第二节　岩土测试

一、室内试验

（一）土的物理性质指标

1. 基本物理性质指标

（1）土的三相组成

在计算土的物理性质指标时，通常认为土是由空气、水和土颗粒三相组成的，如图 3-2 所示。

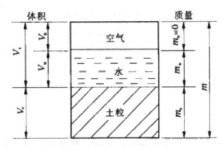

图 3-2　土的三相组成

以体积计：

V_a —— 空气体积；

V_w —— 水体积；

V_v —— 孔隙体积，$V_v = V_a + V_w$；

V_s —— 土粒体积；

V —— 总体积，$V = V_v + V_s$。

以质量计：

m_a —— 空气质量，$m_a = 0$；

m_w —— 水质量；

m_s —— 土粒质量；

m —— 总质量，$m = m_w + m_s$。

（2）直接测定的基本物理性质指标

直接测定的基本物理性质指标见表3-1。

表3-1 试验直接测定的基本物理性质指标

指标名称	符号	单位	物理意义	试验项目、方法	取土要求
含水量	$\omega(\%)$		土中水的质量与土粒质量之比	含水量试验：烘干法（温度 $100\sim105℃$）酒精燃烧法 比重瓶法 炒干法	保持天然湿度
相对密度（比重）	d_s	-	土粒质量与同体积的4℃时水的质量之比	比重试验：比重瓶法 浮称法 虹吸筒法	扰动土
质量密度	ρ	g/cm^3（t/m^3）	土的总质量与其体积之比，即单位体积的质量	密度试验：环刀法 蜡封法 注砂法	Ⅰ～Ⅱ级土试样

（3）计算求得的基本物理性质指标

计算求得的基本物理性质指标见表3-2。

表3-2 由含水量、相对密度、密度计算求得的基本物理力学指标

指标名称	符号	单位	物理意义	基本公式
重度	γ	kN/m^3	$\gamma = \dfrac{土所受的重力}{土的总体积}$	$\gamma = g\rho = 10\rho$
干密度	ρ_d	g/cm^3	$\rho_d = \dfrac{m_3}{V} = \dfrac{土粒质量}{土的总体积}$	$\rho_d = \dfrac{\rho}{1+0.01\omega}$
孔隙比	e	—	$e = \dfrac{V_v}{V_s} = \dfrac{土中孔隙体积}{土粒体积}$	$\omega = \dfrac{d_s\rho_w(1+0.01\omega)}{\rho} - 1$
孔隙率	$n(\%)$		$n = \dfrac{V_w}{V}\times100 = \dfrac{土中孔隙体积}{土的总体积}$	$n = \dfrac{e}{1+e}\times100$
饱和度	$S_r(\%)$		$S_r = \dfrac{V_w}{V_v}\times100 = \dfrac{土中水的体积}{土中孔隙体积}$	$S_r = \dfrac{\omega d_s}{e}$

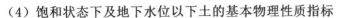

（4）饱和状态下及地下水位以下土的基本物理性质指标

饱和状态下土的孔隙全部为水所充填，饱和度 $S_r = 100\%$。此时土的含水量和土的密度分别称为饱和含水量和饱和密度。

2. 黏性土的可塑性指标

（1）直接测定的指标

直接测定的可塑性指标见表 3-3。

表 3-3　直接测定的可塑性指标

指标名称	符号	物理意义	试验方法	取样要求
液限	$\omega_l(\%)$	土由可塑状态过渡到流动状态的界限含水量	圆锥仪法	扰动土
塑限	$\omega_P(\%)$	土由可塑状态过渡到半固体状态的界限含水量	搓条法	扰动土

（2）计算求得的指标

计算求得的可塑性指标见表 3-4。

表 3-4　计算求得的可塑性指标

指标名称	符号	物理意义	计算公式
塑性指数	I_P	土呈可塑状态时含水量变化的范围，代表土的可塑程度	$I_P = \omega_L - \omega_P$
液性指数	I_L	土抵抗外力的量度，其值越大，抵抗外力的能力越小	$I_L = \dfrac{\omega - \omega_P}{\omega_L - \omega_P}$
含水比	u	土的天然含水量与液限含水量之比	$u = \dfrac{\omega}{\omega_L}$
活动度	A	土的含水量变化时，土的体积相应变化的程度，其值越大，变化程度越大	$A = \dfrac{I_P}{P_{0.002}}$

3. 颗粒组成和砂土的密度指标

（1）直接测定的指标

直接测定的颗粒组成和砂土密度指标见表 3-5。

表 3-5　直接测定的颗粒组成和砂土密度指标

指标名称	符号	单位	物理意义	试验方法
颗粒组成			土颗粒按粒径大小分组所占的质量百分数	筛分法，比重计法，移液管法
最大干密度	ρ_{dmax}	g/cm³	土在最紧密状态的干密度	击实法
最小干密度	ρ_{dmin}	g/cm³	土在最松散状态的干密度	注入法，量筒法

（2）计算求得的指标

计算求得的颗粒组成指标见表 3-6。

表 3-6　计算求得的颗粒组成指标

指标名称	符号	单位	物理意义	求得方法
界限粒径	d_{60}		小于该粒径的颗粒占总质量的 60%	
平均粒径	d_{50}	mm	小于该粒径的颗粒占总质量的 50%	
中间粒径	d_{30}		小于该粒径的颗粒占总质量的 30%	
有效粒径	d_{10}		小于该粒径的颗粒占总质量的 10%	
不均匀系数	C_u		土的不均匀系数愈大，表明土的粒度组成愈分散	$C_u = \dfrac{d_{60}}{d_{10}}$
曲率系数（级配系数）	C_c		表示某种中间粒径的粒组是否缺失的情况	$C_c = \dfrac{d_{30}^2}{d_{10}d_{60}}$

4. 土的击实性指标

（1）物理意义

在一定的击实功能作用下，能使填筑土达到最大密度所需的含水量称为最优含水量，与其相应的干密度称为最大干密度。

（2）土被击实时最大干密度的理想公式

土被击实时，最理想的情况是将土孔隙内的气体全部驱走，土体积减小到土的孔隙内仅存在所含的水分。

（二）土的力学性质指标

1. 压缩性指标

物理意义：土的压缩性是土体在荷载的作用下产生变形的特性。就室内试验而言，是土在荷载作用下孔隙体积逐渐变小的特性。

（1）压缩系数 a

①物理意义：$e \sim p$ 曲线中某一压力区段的割线斜率称为压缩系数。通常采用压力由 $p_i = 100\text{kPa}$ a 增加到 $p_{i+1} = 200\text{kPa}$ a 时所得的压缩系数 a_{1-2} 来判定土的压缩性，压缩系数越大，表明在同一压力变化范围内土的孔隙比减小得越多，则土的压缩性越高。

②计算方法：

$$
\left.
\begin{aligned}
a &= 1000 \times \frac{\Delta e}{\Delta p} = \frac{1000\left(e_i - e_{i+1}\right)}{p_{i+1} - p_i} = \frac{1000(1+e)\left(s_{i+1} - s_i\right)}{p_{i+1} - p_i} \\
s_i &= \frac{\sum \Delta h_i}{h}
\end{aligned}
\right\}
\qquad (\text{式 3-2})
$$

（2）压缩模量 E_s

①物理意义：在无侧向膨胀条件下，压缩时垂直压力增量与垂直应变增量的比值，称为压缩模量。通常采用压力由化 $p_i = 100\text{kPa}$ 增加到 $p_{i+1} = 200\text{kPa}$ 时所得的压缩模量 E_{s1-2} 来判定土的压缩性，压缩模量越大，表明土在同一压力变化范围内土的压缩变形越小，则土的压缩性越低。

②计算方法：

$$
E_s = \frac{p_{i+1} - p_i}{1000\left(s_{i+1} - s_i\right)} = \frac{1+e}{a}
\qquad (\text{式 3-3})
$$

2. 抗剪强度

土在外力作用下在剪切面单位面积上所能承受的最大剪应力称为土的抗剪强度。土的抗剪强度是由颗粒间的内摩擦力及由胶结物和水膜的分子引力所产生的黏聚力共同组成的。

（三）土的物理力学指标的应用

土的物理力学指标的应用如表 3-7 所示。

表 3-7　土的主要物理力学性质指标的应用

指标		符号	实际应用	土的分类	
				砂土	黏性土
密度 重度 水下浮重度		ρ γ γ'	1. 计算干密度、孔隙比等其他物理力学指标 2. 计算土的自重压力 3. 计算地基的稳定性和地基土的承载力 4. 计算斜坡的稳定性 5. 计算挡土墙的压力	+ + + + +	+ + + + +
相对密度		d_s	计算孔隙比等其他物理力学性质指标	+	+
含水量		ω	1. 计算孔隙比等其他物理力学性质指标 2. 评价土的承载力 3. 评价土的冻胀性	+ - +	+ + -
干密度		ρ_d	1. 计算孔隙比等其他物理力学性质指标 2. 评价土的密度 3. 控制填土地基质量	+ - +	+ + -
孔隙比 孔隙率		e n	1. 评价土的密实度 2. 计算土的水下浮重度 3. 计算压缩系数和压缩模量 4. 评价土的承载力	- + + +	+ + - +
饱和度		S_r	1. 划分砂土的湿度 2. 评价土的承载力	- -	+ +
可塑性	液限 塑限 液限指数 塑性指数	ω_L ω_P I_P I_L	1. 黏性土的分类 2. 划分黏性土的状态 3. 评价土的承载力 4. 估计土的最优含水量 5. 估算土的力学性质	+ + + + +	- - - - -
	含水比	u	评价老黏土和红黏土的承载力	+	
	活动度		评价含水量变化时土的体积变化	+	
颗粒组成	有效粒径 平均粒径 不均匀系数 曲率系数	d_{10} d_{50} C_u C_c	1. 砂土的分类及级配情况 2. 大致估计土的渗透性 3. 计算过滤器孔径及计算反滤层 4. 评价砂和粉土液化的可能性	- - - +	+ + + +

指标		符号	实际应用	土的分类	
				砂土	黏性土
最大孔隙比 最小孔隙比 相对密实度		e_{max} e_{min} D_r	1. 评价砂土密度 2. 评价砂土体积的变化 3. 评价砂土液化的可能性	– – –	+ + +
压缩性	压缩系数 压缩模量 压缩指数 代积压缩系数	a_{1-2} E_s C_c m_s	1. 计算地基变形 2. 评价土的承载力	+ +	– –
抗剪强度	内摩擦角 黏聚力	φ C	1. 评价地基的稳定性、计算承载力 2. 计算斜坡的稳定性 3. 计算挡土墙的土压力	+ + +	+ + +

表中"+"表示相应的指标为表内所指的该类土所采用，"–"表示这一指标不被采用。

（四）岩石的物理力学性质指标

1. 岩石的主要物理性质

（1）基本物理性质

基本物理性质包括相对密度、密度、孔隙率，其物理意义与土的基本物理性质同。

（2）岩石的吸水性

①吸水率。在通常的条件下，是将岩石浸于水中，测定岩石的吸水能力。

②饱和吸水率。岩石干燥后置于真空中保存，然后放入水中，或在相当大的压力（150 个大气压）下浸水，使水浸入全部开口的孔隙中去，此时的吸水率称为饱和吸水率。

③饱和系数。岩石的吸水率与饱和吸水率之比称为岩石的饱和系数。

④岩石的耐冻性。岩石的饱和系数可作为岩石耐冻性的间接指标。饱和系数愈大，岩石的耐冻性愈差。

2. 岩石的力学性质

（1）抗压强度

抗压强度用岩石的极限抗压强度，也就是使样品破坏的极限轴向压力来表示。在天然含水量或风干状态下测得的极限抗压强度称为干极限抗压强度，在饱和浸水状态下测得的极限抗压强度称为饱和极限抗压强度。

（2）岩石的软化性（软化系数）

岩石的软化性是指岩石耐风化、耐水浸的能力。

（3）极限抗拉、极限抗弯、极限抗剪强度

岩石的极限抗拉强度一般远小于极限抗压强度，平均为抗压强度的 3%～5%岩石的极限抗弯强度一般也远小于极限抗压强度，但大于极限抗拉强度，平均为抗压强度的 7%～12%岩石的极限抗剪强度一般也远小于极限抗压强度，等于或略小于极限抗弯强度。

（4）力学试验对取试样的要求

①样品大小：试验用样品的大小与岩石的强度有关。当极限抗压强度大于 75MPa 时，磨光后的样品的边长或直径不小于 5cm；当强度为 25～75MPa 时，样品边长或直径不小于 7cm；当强度小于 25MPa 时，样品边长或直径不小于 10cm。

②样品数量：用于抗压强度试验的样品一般不少于 3 个，对于不均匀的岩石，样品数量还应增多。

③产状和层面：由于岩石的抗压强度在不同的方向一般是不同的，因此在采取立方体样品时，必须标明它们的产状和层面，以决定试验的方向。

二、静力触探试验

静力触探是用静力将探头以一定的速率压入土中，利用探头内的力传感器，通过电子量测器将探头受到的贯入阻力记录下来。由于贯入阻力的大小与土层的性质有关，因此通过贯入阻力的变化情况，可以达到了解土层工程性质的目的。

静力触探试验的优点是连续、快速、准确，可以在现场直接得到各土层的贯入阻力指标，从而能了解在天然状态下的有关物理力学参数。

适用于软土、一般黏性土、粉土、砂土和含少量碎石的土。

（一）静力触探的贯入设备

1. 加压装置

加压装置的作用是将探头压入土层中，按加压方式可分为下列几种。

（1）手摇式轻型静力触探

手摇式轻型静力触探利用摇柄、链条、齿轮等用人力将探头压入土中。适用于较大设备难以进入的狭小场地的浅层地基现场测试。

（2）齿轮机械式静力触探

齿轮机械式静力触探主要组成部件有变速马达、伞形齿轮、丝杆、导向滑块、支架、底板、导向轮等。因其结构简单，加工方便，既可单独落地组装，也可装在汽车上，但贯入力较小，贯入深度有限。

（3）全液压传动静力触探

全液压传动静力触探分单缸和双缸两种。主要组成部件有油缸和固定油缸底座、油泵、分压阀、高压油管、压杆器和导向轮等。目前在国内使用液压静力触探仪比较普遍，一般是将载重卡车改装成轿车型静力触探车，其动力来源既可使用汽车本身动力，也可使用外接电源，工作条件较好，最大贯入力可达 200kN。

2. 反力装置

（1）利用地锚作反力

当地表有一层较硬的黏性土覆盖层时，可使用 2 ~ 4 个或更多的地锚作反力，视所需反力大小而定。锚的长度一般为 1.5m 左右，应设计成可以拆卸式的，并且以单叶片为好。叶片的直径可分成多种，如 25cm、30cm、35cm、40cm，以适应各种情况。地锚通常用液压拧锚机下入土中，也可用机械或人力下入。手摇式轻型静力触探设备采用的地锚，因其所需反力较小，锚的长度也较短，为 1.2m，叶片直径则为 20cm。

（2）用重物作反力

如表层土为砂砾、碎石土等，地锚难以下入，此时只有采用压重物来解决反力问题，在触探架上压以足够的重物，如钢轨、钢锭、生铁块等。软土地基贯入 30m 以内的深度，一般需压重 4 ~ 5t。

（3）利用车辆自重作反力

将整个触探设备装在载重汽车上，利用载重汽车的自重作反力，当反力仍不足时，可在汽车上装上拧锚机，可下入 4 ~ 6 个地锚，也可在车上装载一厚度较大的钢板或其他重物，以增加触探车本身的重量。

贯入设备装在汽车上工作方便，工效比较高，但也有不足处。由于汽车底盘距地面过高，使钻杆施力点距离地面的自由长度过大，当下部遇到硬层而使贯入阻力突然增大时，易使钻杆弯曲或折断，应考虑降低施力点距地面的高度。

触探探杆通常用外径为 32 ~ 35mm、壁厚为 5mm 以上的高强度的无缝钢管制成，也可用外径为 42mm 的无缝钢管。为了使用方便，每根触探杆的长度以 1m 为宜，探杆头宜采用平接，以减少压入过程中探杆与土的摩擦力。

（二）探头

1. 探头的工作原理

将探头压入土中时，土层的阻力使探头受到一定的压力，土层的强度愈高，探头所受到的压力愈大。通过探头内的阻力传感器（以下简称传感器），将土层的阻力转换为电信号，然后由仪表测量出来。为了实现这个目的，需运用三个方面的原理，即材料弹性变形的虎克定律，电量变化的电阻率定律和电桥原理。传感器受力后要产生变形，根据弹性力学原理，如应力不超过材料的弹性范围，其应变的大小与土的阻力大小成正比，而与传感器截面面积成反比。因此，只要能将传感器均应变大小测量出，即可知土阻力的大小，从而求得土的有关力学指标。

如果在传感器上牢固地贴上电阻应变片，当传感器受力变形时，应变片也随之产生相应的应变，从而引起应变的电阻产生变化。根据电阻定律，应变片的阻值变化，与电阻丝的长度变化成正比，与电阻丝的截面面积变化成反比，这样就能将钢材的变形转化为电阻的变化。但由于钢材在弹性范围内的变形很小，引起电阻的变化也很小，不易测量出来。为此，在传感器上贴一组电阻应变片，组成一个桥路，使电阻的变化转化为电压的变化，通过放大，就可以测量出来。因此，静力触探就是通过探头传感器实现一系列的转换，土的强度—土的阻力—传感器的应变—电阻的变化—电压的输出，最后由电子仪器放大和记录下来，达到测定土强度和其他指标的目的。

2. 探头的结构

目前国内用的探头有两种，一种是单桥探头，另一种是双桥探头。此外，还有能同时测量孔隙水压力的两用或三用探头，即在单桥或双桥探头的基础上增加了能量测孔隙水压力的功能。

（1）单桥探头

由图 3-3 可知，单桥探头由带外套筒的锥头、弹性元件（传感器）、顶柱和电阻应变片组成，探头的形状规格不一。

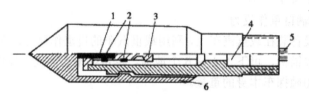

1—顶柱；2—电阻应变片；3—传感器；4—密封垫圈套；5—四芯电缆；6—外套筒

图 3-3　单桥探头结构

（2）双桥探头

单桥探头虽带有侧壁摩擦套筒，但不能分别测出锥头阻力和侧壁摩擦力。双桥探头除锥头传感器外，还有侧壁摩擦传感器及摩擦套筒。侧壁摩擦套筒的尺寸与锥底面积有关。双桥探头结构见图 3-4。

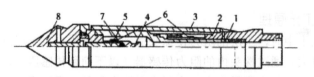

1—传力杆；2—摩擦传感器；3—摩擦筒；4—锥尖传感器；
5—顶柱；6—电阻应变片；7—钢球；8—锥尖头

图 3-4　双桥探头结构

（3）孔压静力触探探头

图 3-5 所示为带有孔隙水压力测试的静力触探探头，该探头除具有双桥探头所需的各种部件外，还增加了由过滤片（通常由微孔陶瓷制成）做成的透水滤器和一个孔压传感器，过滤片的渗透系数一般为 $(1\sim5)\times10^{-5}$ cm/s，其位置一般以对称 $3\sim6$ 孔镶嵌于锥面为佳，孔压静力触探探头具有能同时测定锥头阻力、侧壁摩擦阻力和孔

隙水压力的装置，能同时测定探头周围土中孔隙水压力的消散过程。

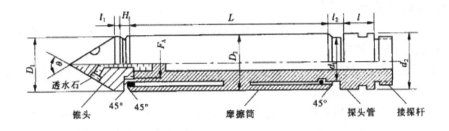

图 3-5 孔压静力触探探头

（三）量测记录仪器

目前，我国常用的静力触探测量仪器有两种类型，一种为电阻应变仪，另一种为自动记录仪。

1. 电阻应变仪

电阻应变仪由稳压电源、振荡器、测量电桥、放大器、相敏检波器和平衡指示器等组成。应变仪是通过电桥平衡原理进行测量的。当触探头工作时，传感器发生变形，引起测量桥路的平衡发生变化，通过手动调整电位器使电桥达到新的平衡，根据电位器调整程序就可确定应变量的大小，并从读数盘上直接读出。

2. 自动记录仪

静力触探自动记录仪由通用的电子电位差计改装而成，它能随深度自动记录土层贯入阻力的变化情况，并以曲线的方式自动绘在记录纸上，从而提高了野外工作的效率和质量。

自动记录仪主要由稳压电源、电桥、滤波器、放大器、滑线电阻和可逆电机组成。由探头输出的信号，经过滤波器以后，到达测量电桥，产生出一个不平衡电压，经放大器放大后，推动可逆电机转动，与可逆电机相连的指示机构，就沿着有分度的标尺滑行，标尺是按信号大小比例刻制的，因而指示机构所指示的位置即为被测信号的数值。

其中深度控制是在自动记录仪中采用一对自整角机，即 45LF5B 及 45LF5B（或 5A 型），前者为发信机，固定在触探贯入设备的底板上，与摩擦轮相连，而摩擦轮则紧随钻杆压入土中而转动，从而带动发讯机转子旋转，送出信号，利用导线带动装在自动记录仪上的收信机（ 45LF5B 机）转子旋转，再利用一组齿轮使接收机与仪表的走纸机构连接。当钻杆下压1m时，记录纸刚好移动1cm（比例为1：100）或2cm（比例为1：50），从而与压入深度同步，这样所记录的曲线就是用1：100或1：50比例尺绘制的触探孔土层的力学柱状图。微机控制的记录在触探试验过程中可显示和存入与各深度对应的 q_c 和 f_s 值，起拔探杆时即可进行资料分析处理，打印出直观曲线。

（四）现场试验

1. 试验前的准备工作

（1）探杆及电缆的准备。备用探杆总长度应大于测试孔深度2.0m。对探杆要逐根检查试接，顺序放置。

（2）设置反力设施（或利用车装重量）。提供的反力应大于预估的最大贯入阻力，使静力触探试验达到预定深度。

（3）检查探头。核对探头标定记录，调零试压。孔压探头在贯入前应用特制的抽气泵对孔压传感器的应变腔抽气并注入脱气液体（水、硅油或甘油），直至应变腔无气泡出现。

（4）使用外接电源工作时，应检查电源电压是否符合要求。

（5）联机调试，检查仪表是否正常。

（6）触探主机就位后，应调平机座并用水平尺校准。

（7）孔压静探试验前还应做好如下准备工作：

①当地下水水位较浅时，宜在触探孔位处先挖一个深见地下水的小坑，将装满饱和液（脱气水）的小塑料袋包扎的探头悬吊于坑内水位以下。

②当地下水水位较深时，宜用直径较孔压探头大的或其他锥头先开孔钻至地下水水位以下，然后按上述办法将孔压探头悬吊于孔内水位以下。

2. 现场实测工作

（1）探头应匀速垂直压入土中，贯入速率为1.2m/min。

（2）每次加接探杆时，丝扣必须上满，卸探杆时，不得转动下面的探杆，要防止探头电缆压断、拉脱或扭曲。

（3）探头的归零检查应按下列要求进行：

①使用单桥或双桥探头触探时。

a. 将探头贯入地面下0.5～1m后，上提探头5～10cm，观测零位漂移情况，待其稳定后，将仪表调零并压回原位即可开始正式贯入。

b. 在地面下6m深度范围内，每贯入2～3m应提升探头一次，将零漂值作为初读数记录下来。

c. 孔深超过6m后，视不归零值的大小，可放宽归零检查的深度间隔（一般为5m）或不做归零检查。

d. 终孔起拔时和探头拔出地面时，应记录零漂值。

②进行孔压触探时，在整个贯入过程中不得提升探头，终孔起拔时应记录锥尖和侧壁的零漂值；探头拔出地面时，应立即卸下锥尖，记录孔压计的零漂值。

（4）使用数字式仪器时，每贯入0.1m或0.2m应记录一次读数；使用自动记录仪时，应随时注意桥走低和划线情况，标注出深度和归零检查结果。

（5）当在预定深度进行孔压消散试验时，应量测停止贯入后不同时间的孔压值和端阻值，其计时间隔由密而疏合理控制；试验过程不得松动探杆。

（6）当出现下列情况之一时，应终止贯入，并立即起拔：

①孔深已达任务书要求；

②反力失效或主机已超负荷；

③探杆明显弯曲，有断杆危险。

（五）成果的整理

1. 各种触探参数的计算

首先应对原始数据进行检查与修正。当零漂值随深度变化，自动记录的深度与实际深度（以探杆长度计算）有差别时，应按线性内插法对原始数据进行修正。对于自动记录仪，可通过每隔一定深度提升一次，使笔头调零来消除零漂值影响。

根据有关技术规定，将触探参数点绘成依深度而定的分布曲线，统称触探曲线。自动记录仪绘制出的贯入阻力随深度变化曲线，其本身就是土层力学性质的柱状图，只需在其纵横坐标上绘制比例标尺，就可在图上直接查出 p_s 或 q_c、f_s、u 值的大小。如果做了孔压消散试验，还应绘制孔压消散曲线。

2. 划分土层及绘制剖面图

（1）在划分土层时，一般根据已有经验并参照下述标准进行，当实测 p_s 值不超过表 3-8 所列的变动幅度时，可合并为一层。

表 3-8　p_s 值合并层容许变动幅度

实测范围	变动幅度
$p_s \leqslant 1$ $1 < p_s \leqslant 3$ $3 < p_s \leqslant 6$	$\pm(0.1 \sim 0.3)$ $\pm(0.3 \sim 0.5)$ $\pm(0.5 \sim 1)$

（2）根据静力触探深度与贯入阻力曲线可绘制出土的力学剖面图，并按上述标准进行力学分层，写上每层土的认或%的范围值（或一般值）。当有钻孔资料与触探相配合时，可用对比法进行分层，从而提高分层精度。

（3）对于一些很薄的交互层或含薄层粉砂土，不应按表 3-8 进行分层，而应以 $p_{smax}/p_{nmin} \leqslant 2$ 为分层标准，结合记录曲线的线形和土的类别予以综合考虑。

（4）在分层时还需考虑触探曲线中"提前"或"滞后"所反映的问题。当探头由坚硬土层进入松软土层或由松软土层突然进入坚硬土层时，往往出现这种现象，其幅度一般为 $10 \sim 20\text{cm}$。其原因既有触探机理上的问题，也有仪器性能反映迟缓和土层本身在两层土交接处带有一些渐变的性质，因此情况较复杂。在分层时应根据具体情况加以分析。

3. 土层的触探参数计算与取值

土层依上述方法划分之后，各层土的触探参数值一般以其算术平均值表示

$$\overline{y} = \frac{1}{n}\sum_{i=1}^{n} y_i$$

（式 3-4）

式中：y_i —— 土层各个深度触探参数值；

$\overline{y}$ —— 土层触探参数平均值。

对于自动记录曲线，经修正成成果曲线后，可根据各层土的曲线幅度变化情况，将其划分成若干小层，对每一小层按等积原理取该小层的触探参数平均值，然后按各小层厚度取该大层土触探参数的加权平均值。

对于下列情况，土层触探参数值应根据具体情况作必要取舍：

（1）在曲线中，遇个别峰值，可不参与平均值计算。所谓个别峰值，是指黏性土或粉土中的僵石、湖沼软土中的贝壳、泥炭土中的朽木、土中个别粗大颗粒等，它们不代表土层的基本特性；但在曲线图上，应如实绘出，有助于对地层的分析。

（2）厚度小于 1m 的土夹层，当贯入阻力较上、下土层为高（或低）时，应取其较大（或最小）值为层平均值。这里所谓的较大值是指峰值点上、下各 20cm 以内的大值平均值。

（3）土层是由若干厚度在 30cm 以内的粉土（砂）和黏性土交互层沉积而成，且不宜进一步细分时，则应分别计算该套组合土层的峰值平均值和谷值平均值。这是由于土层的界面效应对薄层土的贯入阻力有影响，使得土层的峰值较"真值"为小，谷值又较"真值"为大。这种地层应结合工程性质综合分析评价。

（六）成果的应用

根据静力触探资料，利用当前经验，可进行力学分层，估算土的塑性状态或密实度、强度、压缩性、地基承载力、单桩承载力、沉桩阻力，进行液化判别等。根据孔压消散曲线，可估算土的固结系数和渗透系数。

1. 土层分类

利用静力触探进行土层分类，由于不同类型的土可能有相同的 p_s、q_c 或 f_s 值，因此单靠某一个指标如单桥探头的 p_s 是无法对土层进行正确分类的。用双桥探头可判定土类。使用双桥探头时可按图 3-6 划分土类。

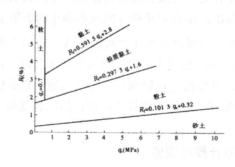

图 3-6　用双桥探头触探参数判别土类

2．应用范围

（1）查明地基土在水平方向和垂直方向的变化，划分土层，确定土的类别。

（2）确定建筑物地基土的承载力和变形模量及其他物理力学指标。

（3）选择桩基持力层，预估单桩承载力，判别桩基沉入的可能性。

（4）检查填土及其他人工加固地基的密实程度和均匀性，判别砂土的密实度及其在地震作用下的液化可能性。

（5）湿陷性黄土地基用于查找浸水湿陷的范围和界线。

（6）估算土的固结系数和渗透系数等。

三、圆锥动力触探试验

（一）圆锥动力触探试验的类型、应用范围和影响因素

圆锥动力触探试验（DPT）是岩土工程勘察中常规的原位测试方法之一，它是利用一定质量的落锤，以一定高度的自由落距将标准规格的圆锥形探头打入土层中，根据探头贯入的难易程度（可用贯入一定距离的锤击数、贯入度或探头单位面积动贯入阻力来表示）判定土层的性质。

1．圆锥动力触探试验的技术特点

（1）通过触探试验获得地基土的物理力学性质指标。经过试验对比和相关分析，可获得地基土的密实度、地基承载力和变形指标等参数。

（2）判定地基土的均匀性。圆锥动力触探试验是一种在地层中可以从上至下连续贯入的测试方法，每个触探点的试验曲线可反映出地层在竖向上的变化规律。利用多个触探点的试验曲线，可分析地层在水平向的变化、评价地基的均匀性。

（3）具有钻探和测试的双重功能。圆锥动力触探可利用锤击数判定土的力学性质，同时也可以利用场地内的钻探资料或已经熟悉的地层资料进行地层分层，确定地层的分布厚度、基岩面的埋藏深度、软质岩石、强风化层厚度等，可适当减少钻孔的数量。

2．圆锥动力触探试验的影响因素

（1）人为因素

①落锤的高度、锤击速度和操作方法。

②读数量测方法和精度。

③触探孔的垂直程度和探杆的偏斜度。

④在钻孔中进行触探时钻孔的钻进方法和护壁、清孔情况。

（2）设备因素

①穿心锤的形状和质量。

②探头的形状和大小。

③触探杆的截面尺寸、长度和质量。

④导向锤座的构造及尺寸。

⑤所用材料的材型及性能。

（3）其他主要影响因素

①土的性质：如土的密度、含水量、状态、颗粒组成、结构强度、抗剪强度、压缩性和超固结比等。

②触探深度：主要包括触探杆侧壁摩擦和触探杆长度的影响两部分。

一般认为，触探贯入时由于土对触探杆侧壁的摩擦作用消耗了部分能量而使触探击数增大。侧壁摩擦的影响有随土的密度和触探深度的增大而增大的趋势。国外资料介绍，对于一般土层条件，用泥浆护壁钻进，触探深度小于 15m 时，可不考虑侧壁摩擦的影响。在松散 —— 稍密的砂土和圆砾、卵石层上所做对比试验表明：重型动力触探在深度 12m 左右范围内，侧壁摩擦的影响是不显著的。如果土层较密，深度较大，侧壁摩擦有明显的影响。

③地下水。地下水的影响与土层的粒径和密度有关。一般的规律是颗粒越细、密度越小，地下水对触探击数的影响就越大，而对密实的砂土或碎石土，地下水的影响就不明显。一般认为，利用圆锥动力触探确定地基承载力时可不考虑地下水的影响；而在建立触探击数与砂土物理力学性质的关系时，应适当考虑地下水的影响。

（4）圆锥动力触探影响因素的考虑方法

①设备规格定型化。遵照规范规程，可以使人为因素和设备因素的影响降低到最低限度。

②操作方法标准化。对于明显的影响因素，例如触探杆侧壁摩擦的影响，可经采取一定的技术措施，如泥浆护壁、分段触探等予以消除，或通过专门的试验研究，以对触探指标进行必要的修正。

③限制应用范围。例如对触探深度、土的密度和适用土层等进行必要的限制。

3. 国内圆锥动力触探试验类型

圆锥动力触探试验的类型分为轻型、重型和超重型三种，圆锥动力触探试验设备主要由圆锥触探头、触探杆、穿心锤三部分组成。

（二）圆锥动力触探试验技术要求

（1）采用自动落锤装置。

（2）触探杆最大偏斜度不应超过 2%，锤击贯入应连续进行；同时防止锤击偏心、探杆倾斜和侧向晃动，保持探杆垂直度；锤击速率宜为 15 ～ 30 击 /min。

（3）每贯入 1m，宜将探杆转动一圈半；当贯入深度超过 10m 时，每贯入 20cm 宜转动探杆一次。

（4）对轻型动力触探，当 $N_{10} > 100$ 或贯入 15cm 锤击数超过 50 时，可停止试验；对重型动力触探，当连续三次 $N_{63.5} > 50$ 时，可停止试验或改用超重型动力触探。

（三）圆锥动力触探试验成果分析

圆锥动力触探试验是在地层的某一段进行连续测试的方法，因此在每个触探点的深度方向上，触探指标的大小可以反映不同地基土的密实度、地基承载力和其他工程性质指标的大小。在实际工作中，可以利用每个勘探点的触探指标随深度的关系曲线，结合场地内的钻探资料和地区经验，划分出不同的地层，但在进行土的分层和确定土的力学性质时应考虑触探的界面效应，即"超前"和"滞后"反应。当触探头尚未达到下卧土层时，在一定深度以上，下卧土层的影响已经超前反应出来，叫做"超前反应"。而当探头已经穿过上覆土层进入下卧土层中时，在一定深度以内，上覆土层的影响仍会有一定反应，这叫做"滞后反应"。

根据各孔的贯入指标平均值，用厚度加权平均法计算场地分层贯入指标平均值和变异系数。

（四）圆锥动力触探成果应用

根据圆锥动力触探试验指标和地区经验，可进行力学分层，评定土的均匀性（状态、密实度）、土的强度、变形参数、地基承载力、单桩承载力，查明土洞、滑动面、软硬土层界面，检测地基处理效果等。应用试验成果时是否修正或如何修正，应根据建立统计关系时的具体情况确定。

四、标准贯入试验

标准贯入试验是用质量为63.5kg的重锤按照规定的落距（76cm）自由下落，将标准规格的贯入器打入地层，根据贯入器在贯入一定深度得到的锤击数来判定土层的性质。这种测试方法适用于砂土、粉土和一般黏性土，但不适用于软塑、流塑的软土。

（一）标准贯入试验的测试方法

1. 设备组成及设备规格

标准贯入试验设备由标准贯入器（见图3-7）、触探杆及穿心锤（即落锤）组成。标准贯入试验的设备规格见表3-9。

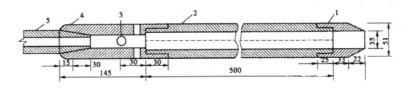

1—贯入器靴；2—由两个半圆形管合成的贯入器身；3—出水孔φ15；4—贯入器头；5—触探杆

图3-7　标准贯入器

表 3-9 标准贯入试验设备规格

落锤 落距（cm）		锤的质量（kg）	63.5
		落距（cm）	76
贯入器	对开管	长度（mm）	＞500
		外径（mm）	51
		内径（mm）	35
	管靴	长度（mm）	50～76
		刃口角度（°）	18～20
		刃口单刃厚度（mm）	1.6
钻杆		直径（mm）	42
		相对弯曲	＜1/1000

2. 试验要点

（1）与钻探配合进行，先钻进到需要进行试验的土层标高以上约 15cm，清孔后换用标准贯入器，并量得深度尺寸。

（2）采用自动脱钩的自由落锤法进行锤击，并减少导向杆与锤间的摩阻力，避免锤击时的偏心和侧向晃动，保持贯入器、探杆、导向杆连接后的垂直度。

（3）以 15～30 击 /min 的贯入速度将贯入器打入试验土层中，先打入 15cm 不计击数，继续贯入土中 30cm，记录锤击数 N。若地层比较密实，贯入击数较大时，也可记录贯入深度小于 30cm 的锤击数，这时需换算成贯入深度为 30cm 的锤击数 N。

（4）拔出贯入器，取出贯入器中的土样进行鉴别描述。

（5）若需进行下一深度的贯入试验，则继续钻进，重复上述操作步骤。一般每隔 1m 进行一次试验。

（6）在不能保持孔壁稳定的钻孔中进行试验时，可用泥浆护壁。

3. 影响因素及其校正

当用标准贯入试验锤击数确定承载力或其他指标时，应按下式对锤击数进行触探杆长度修正：

$$N = \alpha N'$$ （式 3-5）

式中 N —— 标准贯入试验修正击数；

N' —— 标准贯入试验实测击数；

α —— 触探杆长度修正系数。

（二）资料整理和成果应用

1. 资料整理

标准贯入试验锤击数 N 可直接标在工程地质剖面图上，也可绘制单孔标准贯入试验击数 N 与深度关系曲线或直方图；若标准贯入不是连续进行，可直接在剖面图和柱状图上标出标准贯入位置与标准贯入击数，并说明是实测击数还是修正击数。统计分层标准贯入击数平均值或标准值时，应剔除异常值。

2. 成果应用

标准贯入试验锤击数 N 值，可对砂土、粉土、黏性土的物理状态，土的强度、变形参数、地基承载力、单桩承载力，砂土和粉土的液化，成桩的可能性等作出评价。应用 N 值时是否修正和如何修正，应根据建立统计关系时的具体情况确定。

五、载荷试验

载荷试验是在一定面积的承压板上向地基土逐级施加荷载，用于测定承压板下应力主要影响范围内岩土的承载力和变形特性的原位测试方法。它反映承压板下 $1.5 \sim 2.0$ 倍承压板直径或宽度范围内地基土强度、变形的综合性状。

根据承压板的设置深度及形状，可分为平板载荷试验（包括浅层和深层）和螺旋板载荷试验，其中浅层平板载荷试验适用于浅层（埋深小于 3.0m）地基土；深层平板载荷试验适用于埋深等于或大于 3m 和地下水水位以上的地基土；螺旋板载荷试验适用于深层地基土或地下水水位以下的地基土。浅层平板载荷试验较为常用，主要适用于确定浅部地基土层（埋深小于 3.0m）承压板下压力主要影响范围内的承载力和变形模量。

载荷试验应布置在有代表性的地点，每个场地不宜少于 3 个，当场地岩土体不均时，应适当增加。浅层平板载荷试验应布置在基础底面标高处。

（一）试验设备及规格

1. 承压板（台）

（1）钢质承压板

钢质承压板适用于各种土层，承压板面积一般为 $0.25 \sim 1.0 \mathrm{m}^2$，承压板需要有一定厚度和足够刚度。

（2）钢筋混凝土承压板

钢筋混凝土承压板在现场制作，承压板面积可达 $1.0 \mathrm{m}^2$ 以上，适用于特殊目的，在多桩复合地基载荷试验时，由于压板面积大，常用现浇的钢筋混凝土板。

（3）砖砌承压台

在现场没有现成的承压板时可以采用砖砌的承压台，但要保证有足够的强度和刚度。

2. 半自动稳压油压载荷试验设备

半自动稳压油压载荷试验设备适用于承压板面积为 $0.25 \sim 1.0 \mathrm{m}^2$。利用高压油泵，通过稳压器及反力锚定装置，将压力稳定地传递到承压板。该设备由下列三部分组成：

（1）加荷及稳压系统：由承压板、加荷千斤顶、立柱、稳压器和支撑稳压器的三脚架组成。加荷千斤顶、稳压器、储油箱和高压油泵分别用高压胶管连接，构成一个油路系统。

（2）反力锚定系统：包括桁架和反力锚定两部分，桁架由中心柱套管、深度调节丝杠、斜撑管、主钢丝绳、三向接头等组成。

（3）观测系统：用百分表或其他自动观测装置进行观测。

3. 载荷试验机

该设备采用了液压加荷稳压、自动检测记录、逆变电源等技术，提高了自动化程度。适用于黏性土、粉土、砂土和混合土。

该设备由下列四部分组成：

（1）反力装置：为伞形构架式，由地锚、拉杆、横梁、立柱等组成。

（2）加压系统：由承压板、加荷顶、高压油管及其连接件和液压自动加荷台等组成。

（3）自动检测记录仪：由数字钟与定时控制、数字显示表和打印机组成。

（4）交直流逆变器。

4. 载荷试验设备

适用于黏性土、粉土、砂土和粒径不大的碎石土。该设备采用了滚珠丝杠和光电转换新技术，自动化程度较高，设备由下列三部分组成：

（1）稳压加荷装置：由砝码、钢丝绳、天轮、滚珠丝杠稳压器、加荷顶、承压板、手动油泵、油箱和压力表等组成。

（2）反力装置：由 K 形刚性桁架、反力螺杆、反力横梁和活顶头等组成。

（3）沉降观测装置：采用光电百分表，由吊挂架、传感器下托、光电转角传感器、警报器、数字显示仪和备用电源等组成。

5. 静力载荷测试仪

适用于黏性土、粉土、砂土和碎石土等。该仪器自动化程度高，可实现自动加荷、自动补荷、自动判别稳定、自动存储数据，并可进行现场实时数据处理。

（二）试验要点

1. 承压板面积

承压板面积一般采用 0.25 ～ 0.5m²，对均质、密实以上的地基土（如老堆积土、砂土）可采用 0.1m²，对新近堆积土、软土和粒径较大的填土不应小于 0.5m²。

2. 试坑宽度

根据半无限空间弹性理论，试验标高处的试坑宽度不应小于承压板宽度或直径的 3 倍。

3. 试验土层

应保持试验土层的原状结构和天然湿度，在试坑开挖时，应在试验点位置周围预留一定厚度的土层，在安装承压板前再清理至试验标高。

4. 承压板与土层接触处的处理

在承压板与土层接触处，应铺设厚度不超过 20mm 厚的中砂或粗砂找平层，以保证承压板水平并与土层均匀接触。对软塑、流塑状态的黏性土或饱和松散砂，承压板

周围应铺设 200 ～ 300mm 厚的原土作为保护层。

5．试验标高低于地下水位的处理

当试验标高低于地下水位时，为使试验顺利进行，应先将水位降至试验标高以下，并在试坑底部铺设一层厚 50mm 左右的中、粗砂，安装设备，待水位恢复后再加荷试验。

6．加荷分级

加荷分级不应小于 8 级，最大加载量不应小于设计要求的 2 倍，荷载按等量分级施加，每级荷载增量为预估极限荷载的 1/10 ～ 1/8。当不易预估极限荷载时，可参考表 3-10 选用。

表 3-10　每级荷载增量参考值

试验土层特征	每级荷载增量（kPa）
淤泥，流塑黏性土，松散砂土	≤ 15
软塑黏性土，粉土，稍密砂土	15 ～ 25
可塑 —— 硬塑黏性土，粉土，中密砂土	25 ～ 50
坚硬黏性土，粉土，密实砂	50 ～ 100
碎石土，软岩石，风化岩石	100 ～ 200

7．试验精度

荷载量测精度不应低于最大荷载的 ±1%，承压板的沉降可采用百分表或电测位移计量测，其精度不应低于 ±0.01mm。

8．加荷方式及相应稳定标准

（1）沉降相对稳定法（常规慢速法）

当试验对象为土体时，每级加荷后，间隔 5min、5min、10min、10min、15min、15min，以后每隔 0.5h 测读一次沉降量，当在连续 2h 内，每小时的沉降量均小于 0.1mm 时，则认为已趋稳定，可加下一级荷载；当试验对象是岩体时，间隔 1min、2min、2min、5min 测读一次沉降，以后每隔 10min 测读一次，当在连续 3 次读数差小于等于 0.01mm 时，则认为沉降已达相对稳定，施加下一级荷载。

（2）沉降非稳定法（快速法）

自加荷操作历时的一半开始，每隔 15min 观测一次沉降，每级荷载保持 2h，即可施加下一级荷载。

（3）等沉降速率法

控制承压板以一定的沉降速率沉降，测读与沉降相应的所施加的荷载，直至试验达破坏状态。

9．试验结束条件

当出现下列情况之一时，可终止试验：

（1）承压板周围的土明显地侧向挤出，周边岩土出现明显隆起或径向裂缝持续发展。

（2）沉降 s 急剧增大，荷载 —— 沉降曲线出现陡降段，本级荷载的沉降量大于前级荷载沉降量的 5 倍。

（3）某级荷载下，24h 内沉降速率不能达到稳定标准。

（4）总沉降量与承压板直径或宽度之比超过 0.06。

当满足前三种情况之一时，其相对应的前一级荷载为极限荷载。

10．回弹观测

分级卸荷，观测回弹值。分级卸荷量为分级加荷量的 2 倍，15min 观测一次，1h 后再卸下一级荷载，荷载完全卸除后，应继续观测 3h。

（三）资料整理

1．沉降相对稳定法（常规慢速法）

（1）绘图

根据原始记录绘制 $p-s$ 曲线和 $s-t$ 曲线草图。

（2）修正沉降观测值

先求出校正值 s_0 和 $p-s$ 曲线斜率 C。

s_0 和 C 的求法有图解法和最小二乘法。

2．沉降非稳定法（快速法）

根据试验记录按外推法推算各级荷载下，沉降速率达到相对稳定标准时所需的时间和沉降量，然后以推算的沉降量绘制 $p-s$ 曲线。

（四）成果应用

1．确定地基土承载力特征值

（1）强度控制法

①当 $p-s$ 曲线上有明显的直线段时，一般采用直线段的终点对应的荷载值为比例界限，取该比例界限所对应的荷载值为承载力特征值。

②当 $p-s$ 曲线上无明显的直线段时，可用下述方法确定比例界限。

（2）相对沉降控制法

当不能按比例界限和极限荷载确定时，承压板面积为 $0.25 \sim 0.50 \ \mathrm{m}^2$，可取 $s/b = 0.01 \sim 0.015$ 所对应的荷载，作为地基土承载力特征值，但其值不应大于最大加载量的一半。

同一土层参加统计的试验点不应少于 3 点，当试验实测值的极差不超过平均值的 30% 时，取此平均值为该土层的地基承载力特征值 f_{ak}。

六、波速测试

现场波速测试的基本原理是利用弹性波在不同岩土介质中传播速度的差异来达到勘察测试的目的。弹性波在地层介质中的传播，可分为体波和面波。体波又可分为压缩波（P 波）和剪切波（S 波）。剪切波的垂直分量为 SV 波，水平分量为 SH 波。在地层表面传播的面波可分为瑞雷波和 Love 波。

弹性波速测试成果的应用包括：（1）确定与波速有关的岩土参数；（2）进行场地类别划分；（3）为场地地震反应分析和动力机器基础进行动力分析提供地基土动力参数；（4）检验地基处理效果等方面，主要有三种测试方法，其特点见表3-11。

表3-11　几种波速测试方法的比较

测试方法	测试波形	钻孔数量	测试深度	激振形式	测试仪器	波速精确度	工作效率	测试成本
单孔法	P、SH	1	深	地面孔内	较简单	平均值	较高	低
跨孔法	P、SV	2	深	孔内	复杂	高	低	高
瑞雷波法	R	—	较浅	地面	复杂	较高	高	低

（一）单孔法

在地面激振，检波器在一个垂直钻孔中接收，自上而下（或自下而上）按地层划分逐层进行检测，计算每一地层的 P 波或 SH 波速，称为单孔法。该法按激振方式不同可以检测地层的压缩波波速或剪切波波速。

1. 测试仪器设备

（1）振源

①剪切波振源，要求具有偏振性，能产生优势 SH 波，并具有可反向性、重复性好和产生足够能量的振源。目前，我国常用的有击板法，其他如弹簧激振法和定向爆破法少见，只有要求测试地层很深时采用。

②纵波震源，要求激发能量大和重复性好，常用的是用重锤锤击放在地表的圆钢板，以产生纵波，要求测试地层深时，也可采用炸药爆破方式。

（2）三分量检波器

如图3-8所示，它由三个互相垂直的检波器组成。检波器自振频率一般为10Hz和28Hz，频率响应可达几百赫兹。三个检波器互相垂直，同时安装在同一个钢筒内，固定密封好，严防漏水，从中引出导线接至内装钢丝的多芯屏蔽电缆。这样孔内三分量检波器的垂直向检波器可接收由地表振源传来的波，两个水平向检波器可以接收地表传来的 SH 波。

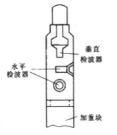

图3-8　三分量检波器

（3）信号采集分析仪加重块

可以采用地震仪或其他多通道信号采集分析仪。这些仪器只要都具有信号放大、滤波、采集记录、数据处理等功能，信号放大倍数大于2000倍，噪声低，相位一致性好，时间分辨精度在1 μs 以下，具有4个通道以上，并具有剪切波测试数据处理分析软件，都可以满足波速测试要求。

2．试验方法

（1）平整场地，使激振板离孔口的水平距离约1m，上压重物约500kg或用汽车两前轮压在木板上，木板规格为长2～3m、宽0.3m、厚0.05m。记时触发检波器宜埋于木板中心位置或在手锤上装置脉冲触发传感器。

（2）接通电源，在地面检查测试仪正常后，即可进行试验。

（3）把三分量检波器放入孔内预定测试点的深度，然后在地面用打气筒充气，胶囊膨胀使三分量检波器紧贴孔壁。

（4）用木锤或铁锤水平敲击激振板一端，地表产生的剪切波经地层传播，由孔内的三分量检波器的水平检波器接收SH波信号，该信号经电缆送入地震仪放大记录。试验要求地震仪获得3次清晰的记录波形。然后反向敲击木板，以同样获得3次清晰波形时止，该SH波测试点试验完成。接着用重锤敲击放在地表的钢板，由孔内三分量的垂直检波器记录到达的 P 波，同样要求获得3次清晰的 P 波波形，存盘无误后，该钻孔深度的测点测试结束。

（5）胶囊放气，把孔内三分量检波器转移到下一个测试点的深度，重复上述测试步骤，直至达到钻孔测试深度要求。

（6）整个钻孔测试完后，要检查野外测试记录是否完整，并测定记录孔内水位深度。

3．资料整理

（1）波形鉴别

根据不同波的初至和波形特征予以区别：

①压缩波速度比剪切波快，压缩波为初至波。

②敲击木板正、反向两端时，剪切波波形相位差180°，而压缩波不变。

③压缩波传播能量衰减比剪切波快，离孔口一定深度后，压缩波与剪切波逐渐分离，容易识别。它们的波形特征：压缩波幅度小、频率高，剪切波幅度大、频率低。

（2）波速计算

根据波形特征和三分量检波器的方向区别 P 波、 S 波的初至，以触发信号的起点为0时，读取 P 波或 S 波的旅行时，绘制时距曲线，分层计算波速。

（二）跨孔法

在两个以上垂直钻孔内，自上而下（或自下而上），在同一地层的水平方向上一孔激发，另外钻孔中接收，逐层进行检测地层的直达 SV 波，称为跨孔法。

1. 测试仪器设备

（1）剪切锤：孔中剪切锤如图 3-9 所示，由一个固定的圆筒体和一个滑动质量块组成。当它放入孔内测试深度后，通过地面的液压装置和液压管相连，当输液加压时，剪切锤的四个活塞推出圆筒体扩张板与孔壁紧贴。工作时突然上拉绳子，使其与下部连接剪切锤活动质量块冲击固定的圆筒体，筒体扩张板与孔壁地层产生剪切力，在地层的水平方向即产生较强的 SV 波，由相邻钻孔的垂直检波器接收；松开拉绳，滑动质量块自重下落，冲击固定筒体扩张板，则地层中会产生与上拉时波形相位相反的 SV 波。与此时，相邻钻孔中的径向水平检波器可接收到由激发孔传来的该地层深度的 P 波。

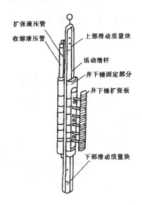

扩张液压管
收缩液压管
上部滑动质量块
活动滑杆
井下锤固定部分
井下锤扩张板
下部滑动质量块

图 3-9　孔中剪切锤示意图

（2）重锤标准贯入装置：标准贯入试验的空心锤锤击孔下的取土器，孔底地层受到竖向冲击，由于振源的偏振性使地层水平方向产生较强的 SV 波，沿水平方向传播的 SV 波分量能量较强，在与振源同一高度的另一接收孔内安装的垂直向检波器，能接收到由振源经地层水平传播的较清晰的 SV 波波形信号。

这种振源结构简单，操作方便，能量大，适合于浅孔，但需考虑振源激发延时对测试波速的影响。

2. 测试仪器

跨孔法需要在两个孔内都安置三分量检波器，信号采集分析仪应在六通道以上，其他性能指标要求与单孔法相同。

3. 测试方法

（1）钻孔

跨孔法波速测试一般需在一条平行地层走向或垂直地层走向的直线上布置同等深度的三个钻孔，其中一个为振源孔，另外两个为接收孔，这样可消除振源触发器的延时误差。钻孔孔径以能保证振源和检波器顺利在孔内上下移动的要求，一般来说，小直径钻孔可减小对孔壁介质的扰动和增加钻孔的稳定性。钻孔间的间距既要考虑到相邻地层的高速层折射波是否先到达，以及波速随深度变化的传播路径不是直线的影响；又要考虑测试仪器计时精度不变的情况下，其测试精度随钻孔间距的减小相对误差增大的影响。对上述各项因素要统筹考虑，一般的钻孔间距，在土层中 3～6m 为宜，在岩层中 8～12m 为宜。

（2）灌浆

钻孔宜下塑料套管，套管与孔壁的空隙用干砂充填密实；但最好是灌浆法，将由膨润土、水泥和水的配比为 1：1：6.25 的浆液自下而上灌入套管与孔壁之间。其固结后的密度为 1.67～2.06 t/m³，接近于土介质的密度。这样，使孔内振源、检波器与地层介质间处于更好的耦合状态，以提高测试精度。

（3）测孔斜

跨孔法的钻孔应尽量垂直，并用高精度孔斜仪测定孔斜及其方位，如用加速度计数字式孔斜仪，倾角测试误差低于 $0.1°$，水平位移测试精度 $10^{-3}～10^{-4}$ m，即可满足工程测试要求。

（4）测试的准备工作

当钻孔的数量、孔径、孔深、孔距等根据工程的需要确定后，钻孔应进行一次性成孔，并下好塑料套管和灌浆，待浆液凝固后，查明各钻孔的孔口标高、孔距，随后用孔斜仪测定钻孔的孔斜及其方位，计算出各测点深度处的实际水平孔距，供计算波速时用，此时，现场准备工作基本完成。测试一般从离地面 2m 深度开始，其下测点间距为每隔 1～2m 增加一测点，也可根据实际地层情况适当拉稀或加密，为了避免相邻高速层折射波的影响，一般测点宜选在测试地层的中间位置。

（5）测试

由标贯器（取土器）作振源的跨孔法测试仪器布置，如图 3-10 所示。其中一个钻孔为振源孔，另外两个为放置检波器的接收孔。每一测点的振源与检波器位置应在同一水平高度，并与孔壁紧贴，待其测试仪器通电正常后，即可激发振源和接收记录波形信号。当记录波形清晰满意后，即可移动振源和检波器，将其放至下一测点，如此重复，直到孔底。为了保证测试精度，一般应取部分测点进行重复观测，如前、后观测误差较大，则应分析原因，查清问题，在现场予以解决。这种重复观测，用孔下剪切锤振源时可以进行；而用标贯器做振源时无法进行。

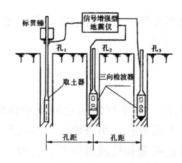

图 3-10　标贯器振源跨孔法测试示意图

（三）成果应用

根据弹性理论公式计算岩土动力参数、计算地基刚度和阻尼比、划分场地土类型和建筑场地抗震类别、计算建筑场地地基卓越周期、判定砂土地基液化、进行地震小区划、检验地基加固处理的效果等。

第四章 岩土工程分析评价及成果报告

第一节 岩土工程分析评价的内容与方法

一、岩土工程分析评价的主要内容和要求

（一）岩土工程分析评价的作用

岩土工程分析评价是岩土工程勘察资料整理的重要部分，与传统的工程地质评价相比，其作用更加强大，主要表现为：

（1）分析评价的任务和要求，无论在广度还是深度上，都大大增加了。

（2）分析评价时，要求与具体工程密切结合，解决工程问题，而不仅仅是离开实际工程去分析地质规律。

（3）要求预测和监控施工运营的全过程，而不仅仅是"为设计服务"。

（4）要求不仅提供各种资料，而且要针对可能产生的问题，提出相应的处理对策和建议。

（二）岩土工程分析评价的主要内容

岩土工程分析评价应在工程地质测绘、勘探、测试和搜集已有资料的基础上，结合工程特点和要求进行，其主要包括下列内容：

（1）场地的稳定性与适宜性。

（2）为岩土工程设计提供场地地层结构和地下水空间分布的几何参数、岩土体工程性状的设计参数。

（3）预测拟建工程对现有工程的影响，工程建设产生的环境变化，以及环境变化对工程的影响。

（4）提出地基与基础方案设计的建议。

（5）预测施工过程可能出现的岩土工程问题，并提出相应的防治措施和合理的施工方法。

由于岩土性质的复杂性以及多种难以预测的因素，对岩土工程稳定和变形问题的预测，不可能十分精确。故对于重大工程和复杂岩土工程问题，必要时应在施工过程中进行监测，根据监测适当调整设计和施工方案。

（三）岩土工程分析评价的要求

为了保证岩土工程分析评价的质量，对岩土工程分析评价提出以下要求：

（1）充分了解工程结构的类型、特点、荷载情况和变形控制要求。

（2）掌握场地的地质背景，考虑岩土材料的非均质性、各向异性和随时间的变化，评估岩土参数的不确定性，确定其最佳估值。

（3）充分考虑当地经验和类似工程的经验。

（4）对于理论依据不足、实践经验不多的岩土工程问题，可通过现场模型试验或足尺试验取得实测数据进行分析评价。

（5）必要时可建议通过施工监测，调整设计和施工方案。

二、岩土工程分析评价的方法

岩土工程分析评价应在定性分析的基础上进行定量分析，反分析做为数据分析的一种手段，在勘察等级为甲级、乙级的岩土工程勘察中也经常用到。

（一）定性分析

定性分析是岩土工程分析评价的首要步骤和基础，一般不经定性分析不能直接进行定量分析，仅在某些特殊情况下只需进行定性分析。如下列问题，可仅做定性分析：

（1）工程选址及场地对拟建工程的适宜性。

（2）场地地质条件的稳定性。

（3）岩土性状的描述。

（二）定量分析

需做岩土工程定量分析评价的问题主要有：

（1）岩土体的变形性状及其极限值。

（2）岩土体的强度、稳定性及其极限值，包括斜坡及地基的稳定性。

（3）地下水的作用评价。

（4）水和土的腐蚀性评价。

（5）其他各种临界状态的判定问题。

目前我国岩土工程定量分析普遍采用定值法。对特殊工程，需要时可辅以概率法进行综合评价。

（三）反分析

反分析仅作为分析数据的一种手段，适用于根据工程中岩土体实际表现的性状或足尺试验岩土体性状的量测结果反求岩土体的特性参数，或验证设计计算，查验工程效果及事故原因。在对场地地基稳定性和地质灾害评价中使用较多。

反分析应以岩土工程原型或足尺试验为分析对象。根据系统的原型观测，查验岩土体在工程施工和使用期间的表现，检验与预期效果相符的程度。反分析在实际应用中分为非破坏性（无损的）反分析和破坏性（已损的）反分析两种情况，它们分别适用于表4-1和表4-2中所列情况。

表4-1　非破坏性反分析的应用

工程类型	实测参数	反演参数
建筑物工程	地基沉降变形量或地面沉降量、基坑回弹量	岩土变形参数，地下水开采量等
动力机器基础	稳态或非稳态动力反应数据，包括位移、速度、加速度	岩土动刚度、动阻尼
支挡工程	水平及垂直位移、岩土压力、结构应力	岩土抗剪强度、岩土压力、锚固力
公路工程	路基与路面变形	变形模量、承载比

表4-2　破坏性反分析的应用

工程类型	实测参数	反演参数
滑坡	滑坡体的几何参数，滑动前后的观测数据	滑动面岩土强度
饱和粉土、砂土液化	地震前后的密度、强度、水位、上覆压力、标高等	液化临界值

总之，岩土工程的分析评价，应根据岩土工程勘察等级区别进行。对丙级岩土工程勘察，可根据邻近工程经验，结合触探和钻探取样试验资料进行分析评价；对乙级岩土工程勘察，应在详细勘探、测试的基础上，结合邻近工程经验进行，并提供岩土的强度和变形指标；对甲级岩土工程勘察，除按乙级要求进行外，尚宜提供载荷试验资料，必要时应对其中的复杂问题进行专门研究，并结合监测对评价结论进行检验。

第二节　（岩）土参数的分析与选取

（岩）土体本身存在不均匀性和各向异性，在取样和运输过程中又受到不同程度的扰动，试验仪器、操作方法差异等也会使同类土层所测得的指标值具有离散性。对勘察中获取的大量数据指标可按地质单元及层位分别进行统计整理，以求得具有代表性的指标。统计整理时，应在合理分层基础上，根据测试次数、地层均匀性、工程等级，选择合理的数理统计方法对每层土物理力学指标进行统计分析和选取。

一、（岩）土参数的可靠性和适用性分析

（岩）土参数主要指岩土的物理力学性质指标。在工程上一般可分为两类：一类是评价指标，主要用于评价岩土的性状，作为划分地层和鉴定岩土类别的主要依据；另一类是计算指标，主要用于岩土工程设计，预测岩土体在荷载和自然因素及其人为因素影响下的力学行为和变化趋势，并指导施工和监测。因此，岩土参数应根据其工程特点和地质条件选用，并分析评价所取岩土参数的可靠性和适用性。

岩土参数的可靠性是指参数能正确地反映岩土体在规定条件下的性状，能比较有把握地估计参数真值所在的区间；岩土参数的适用性是指参数能满足岩土工程设计计算的假定条件和计算精度要求。

岩土参数的可靠性和适用性主要受岩土体扰动程度和试验方法的影响，所以主要按以下内容评价其可靠性和适用性：

（1）勘探方法（以钻探为主）；

（2）取样方法和其他因素对试验结果的影响；

（3）采用的试验方法和取值标准；

（4）不同测试方法所得结果的分析比较；

（5）测试结果的离散程度；

（6）测试方法与计算模型的配套性。

二、（岩）土参数的选取

岩土工程勘察报告中，应提供工程场地内各（岩）土层物理力学指标的平均值、标准差、变异系数、数据分布范围和数据的个数。因此，岩土参数的选取，应按工程地质单元、区段及层位分别统计数值和数据个数。按下列公式计算指标的平均值 ϕ_m、标准差 σ_f 和变异系数 δ。

$$\phi_m = \frac{1}{n}\sum_{i=1}^{n}\phi_i \qquad （式 4\text{-}1）$$

$$\sigma_f = \sqrt{\frac{1}{n-1}\left[\sum_{i=1}^{n}\phi_i^2 - \frac{1}{n}\left(\sum_{i=1}^{n}\phi_i\right)^2\right]} = \sqrt{\frac{\sum_{i=1}^{n}\phi_i^2 - n\phi_m^2}{n-1}} \qquad （式 4\text{-}2）$$

87

$$\delta = \frac{\sigma_f}{\phi_m}$$

（式 4-3）

式中：ϕ_i —— 岩土的物理力学指标数据；

n —— 区段及层位范围内数据的个数；

ϕ_m —— 岩土参数平均值；

σ_f —— 岩土参数的标准差；

δ —— 岩土参数的变异系数。

求得平均值和标准差之后，可用来检验统计数据中应当舍弃的带有粗差的数据。剔除粗差有不同的标准，常用的有 $\pm \sigma_f$ 方法，此外还有 Chauvenet 方法和 Grubbs 方法。

当离差 d 满足下式时，该数据应舍弃：

$$|d| > g\sigma_f$$

（式 4-4）

式中：d —— 离差，$d = \phi_i - \phi_m$；

g —— 由不同标准给出的系数，当采用 3 倍标准差方法时，$g = 3$。

第三节 地下水作用的评价

在岩土工程的勘察、设计、施工过程中，地下水的影响始终是一个极为重要的问题，因此，在岩土工程勘察中应当对其作用进行预测和评估，提出评价的结论与建议。地下水对岩土体和建筑物的作用，按其机制可以划分为两类：一类是力学作用；一类是物理、化学作用。力学作用原则上应当是可以定量计算的，通过力学模型的建立和参数的测定，可以用解析法或数值法得到合理的评价结果。很多情况下，还可以通过简化计算，得到满足工程要求的结果。由于岩土特性的复杂性，物理、化学作用有时难以定量计算，但可以通过分析，得出合理的评价。

一、地下水力学作用的评价

地下水力学作用的评价，应包括下列内容：

（1）对基础、地下结构物和挡土墙，应考虑在最不利组合情况下，地下水对结构物的上浮作用；对节理不发育的岩石和黏土且有地方经验或实测数据时，可根据经验确定；有渗流时，地下水的水头和作用宜通过渗流计算进行分析评价。

（2）验算边坡稳定性时，应考虑地下水对边坡稳定性的不利影响。

（3）在地下水位下降的影响范围内，应考虑地面沉降及其对工程的影响；当地下水位回升时，应考虑可能引起的回弹和附加的浮托力。

（4）当墙背填土为粉砂、粉土或黏性土，验算支挡结构物的稳定性时，应根据不同排水条件评价地下水压力对支挡结构物的作用。

（5）因水头压差而产生自下向上的渗流时，应评价产生潜蚀（工程上称管涌）、流土的可能性。

（6）在地下水位下开挖基坑或地下工程时，应根据岩土的渗透性、地下水补给条件，分析评价降水或隔水措施的可行性及其对基坑稳定和邻近工程的影响。

二、地下水的物理、化学作用的评价

地下水的物理、化学作用的评价应包括下列内容：

（1）对地下水位以下的工程结构，应评价地下水对混凝土、金属材料的腐蚀性。

（2）对软质岩石、强风化岩石、残积土、湿陷性土、膨胀（岩）土和盐渍（岩）土，应评价地下水的聚集和散失所产生的软化、崩解、湿陷、胀缩和潜蚀等有害作用。

（3）在冻土地区，应评价地下水对土的冻胀和融陷的影响。

三、采取工程降水措施时应评价的问题

对地下水采取降低水位措施时，应符合下列规定：

（1）施工中地下水位应保持在基坑底面以下 0.5～1.5m。

（2）降水过程中应采取有效措施，防止土颗粒的流失。

（3）防止深层承压水引起的突涌，必要时应采取措施降低基坑下的承压水头。

四、工程降水方法的选取

选取合理有效的工程降水方法，使施工中地下水位下降至开挖面以下一定距离（砂土应在 0.5m 以下，黏性土和粉土应在 1m 以下），以避免处于饱和状态的基坑槽底土质受施工活动影响而扰动，降低地基的承载力，增加地基的压缩性。在降水过程中如果不能满足有关规范要求，将会带出土颗粒，有可能使基底土体受到扰动，严重时可能影响拟建工程建筑的安全和正常使用，所以要综合考虑工程和地质因素，选取合理的降低地下水位的方法。常见工程降水方法及其适用范围见表 4-3 所示。

表 4-3　降低地下水位方法的适用范围

技术方法	适用地层	渗透系数（m/d）	降水深度
明排井	黏性土、粉土、砂土	＜0.5	＜2m
真空井点	黏性土、粉土、砂土	0.1～20	单级＜6m，多级＜20m
电渗井点	黏性土、粉土	＜0.1	按井的类型确定
引渗井	黏性土、粉土、砂土	0.1～20	根据含水层条件选用
管井	砂土、碎石土	1.0～200	＞5m
大口井	砂土、碎石土	1.0～200	＜20m

第四节　水和土的腐蚀性评价

一、测试要求

　　岩土工程勘察时，当有足够经验或充分资料，认定工程建设场地及其附近的土或水（地下水或地表水）对建筑材料为微腐蚀时，可不取样试验进行腐蚀性评价。否则，应取水试样或土试样进行试验，评定水和土对建筑材料的腐蚀性。

　　采取水试样和土试样应符合以下规定：

　　（1）混凝土结构处于地下水位以上时，应取土试样作土的腐蚀性测试；

　　（2）混凝土结构处于地下水或地表水中时，应取水试样作水的腐蚀性测试；

　　（3）混凝土结构部分处于地下水位以上、部分处于地下水位以下时，应分别取土试样和水试样作腐蚀性测试；

　　（4）水试样和土试样应在混凝土结构所在的深度采取，每个场地不应少于2件。当土中盐类成分和含量分布不均匀时，应分区、分层取样，每区、每层不应少于2件。

二、腐蚀性评价

（一）水和土对混凝土结构的腐蚀性评价

　　场地环境类型对土、水的腐蚀性影响很大，不同的环境类型主要表现为气候所形成的干湿交替、冻融交替、日气温变化、大气湿度等。工程建设场地的环境类型，按表4-4规定划分。

表 4-4 场地环境类型分类

环境类型	场地环境地质条件
I	高寒区、干旱区直接临水；高寒区、干旱区强渗水层中的地下水
II	高寒区、干旱区弱透水层中的地下水；各气候区湿、很湿的弱透水层湿润区直接临水；湿润区强透水层中的地下水
III	各气候区稍湿的弱透水层；各气候区地下水位以上的强透水层

受环境类型影响，水和土对混凝土结构的腐蚀性评价，应符合表 4-5 的规定。

表 4-5 按环境类型，水和土对混凝土结构的腐蚀性评价

腐蚀等级	腐蚀介质	环境类型		
		I	II	III
微弱中强	硫酸盐含量 SO_4^{2-} （mg/L）	< 200 200～500 500～1500 > 1500	< 300 300～1500 1500～3000 > 3000	< 500 500～3000 3000～6000 > 6000
微弱中强	镁盐含量 Mg^{2+} （mg/L）	< 1000 1000～2000 2000～3000 > 3000	< 2000 2000～3000 3000～4000 > 4000	< 3000 3000～4000 4000～5000 > 5000
微弱中强	铵盐含量 NH_4^+ （mg/L）	< 100 100～500 500～800 > 800	< 500 500～800 800～1000 > 1000	< 800 800～1000 1000～1500 > 1500
微弱中强	苛性碱含量 OH^- （mg/L）	< 35000 35000～43000 43000～57000 > 57000	< 43000 43000～57000 57000～70000 > 70000	< 57000 57000～70000 70000～100000 > 100000
微弱中强	总矿化度 （mg/L）	< 10000 10000～20 000 20000～50 000 > 50 000	< 20000 20000～50000 50000～60000 > 60000	< 50000 50000～60000 60000～70000 > 70000

腐蚀等级不同时，应按下列规定综合评定：

（1）腐蚀等级中，只出现弱腐蚀，无中等腐蚀或强腐蚀时，应综合评价为弱腐蚀；

（2）腐蚀等级中，无强腐蚀，最高为中等腐蚀时，应综合评价为中等腐蚀；

（3）腐蚀等级中，有一个或一个以上为强腐蚀，应综合评价为强腐蚀。

（二）水和土对钢筋混凝土结构中钢筋的腐蚀性评价

水和土对钢筋混凝土结构中钢筋的腐蚀性评价，应符合表 4-6 的规定。

表 4-6　对钢筋混凝土结构中钢筋的腐蚀性评价

腐蚀等级	水中的 Cl^- 含量（mg/L）		土中的 Cl^- 含量（mg/kg）	
	长期浸水	干湿交替	A	B
微		＜ 100	＜ 400	＜ 250
弱	＜ 1000	100 ～ 500	400 ～ 750	250 ～ 500
中	10000 ～ 20000	500 ～ 5000	750 ～ 7500	500 ～ 5000 ＞ 5000
强		＞ 5000	＞ 7500	

（三）土对钢结构的腐蚀性评价

土对钢结构的腐蚀性评价，应符合表 4-7 的规定。

表 4-7　土对钢结构腐蚀性评价

腐蚀等级	pH	氧化还原电位（mV）	视电阻率（Ω·m）	极化电流密度（mA/cm²）	质量损失（g）
微	＞ 5.5	＞ 400	＞ 100	＜ 0.02	＜ 1
弱	5.5 ～ 4.5	400 ～ 200	100 ～ 50	0.02 ～ 0.05	1 ～ 2
中	4.5 ～ 3.5	200 ～ 100	50 ～ 20	0.05 ～ 0.20 ＞	2 ～ 3
强	＜ 3.5	＜ 100	＜ 20	0.20	＞ 3

第五节　编制岩土工程勘察报告

一、岩土工程勘察报告的主要内容

岩土工程勘察报告是指在原始资料的基础上进行整理、统计、归纳、分析、评价，提出工程建议，形成系统的为工程建设服务的勘察技术文件。

岩土工程勘察报告一般由文字和图表两部分组成。表示地层分布和岩土数据，可用图表分析论证，提出建议，可用文字、文字与图表互相配合，相辅相成。鉴于岩土工程的规模大小各不相同，目的要求、工程特点、自然条件等差别很大，每个建设工程的岩土工程勘察报告内容和章节名称不可能完全一致。所以，岩土工程勘察报告一般应遵循勘察纲要，根据任务要求、勘察阶段、工程特点和地质条件等具体情况编写，并应包括下列基本内容：

（1）勘察目的、任务要求和依据的技术标准。

（2）拟建工程概况。主要包括建筑物的功能、体型、平面尺寸、层数、结构类型、荷载（有条件时列出荷载组合）、拟采用基础类型及其概略尺寸及有关特殊要求的叙述。

（3）勘察方法和勘察工作布置。

（4）场地地形、地貌、地层、地质构造、岩土性质及其均匀性。

（5）各项岩土性质指标，岩土的强度参数、变形参数、地基承载力的建议值。

（6）地下水埋藏情况、类型、水位及其变化。

（7）土和水对建筑材料的腐蚀性。

（8）可能影响工程稳定性的不良地质作用的描述和对工程危害程度的评价。

（9）场地稳定性和适宜性的评价。

（10）对岩土利用、整治和改造的方案进行分析论证，提出建议；对工程施工和使用期间可能发生的岩土工程问题进行预测，提出监控和预防措施的建议。

（11）岩土工程勘察报告中应附的图件：

①勘探点平面布置图；

②工程地质柱状图；

③工程地质剖面图；

④原位测试成果图表；

⑤室内试验成果图表。

当大型岩土工程勘察项目或重要勘察项目需要时，尚可附综合工程地质图、综合地质柱状图、地下水等水位线图、素描、照片、综合分析图表以及岩土利用、整治和改造方案的有关图表、岩土工程计算简图及计算成果图表等。

（12）当大型岩土工程勘察项目或重要勘察任务需要时，除综合性的岩土工程勘察报告外，尚可根据任务要求，提交下列专题报告或单项报告。

主要的专题报告有：

①岩土工程测试报告；

②岩土工程检验或监测报告；

③岩土工程事故调查与分析报告；

④岩土利用、整治或改造方案报告；

⑤专门岩土工程问题的技术咨询报告。

主要的单项报告有：

①某工程旁压试验报告（单项测试报告）；

②某工程验槽报告（单项检验报告）；

③某工程沉降观测报告（单项监测报告）；

④某工程倾斜原因及纠倾措施报告（单项事故调查分析报告）；

⑤某工程深基坑开挖的降水与支挡设计（单项岩土工程设计）；

⑥某工程场地地震反应分析（单项岩土工程问题咨询）；

⑦某工程场地土液化势分析评价（单项岩土工程问题咨询）。

编制岩土工程勘察报告时，对丙级岩土工程勘察项目，其成果报告内容可适当简化，采用以图表为主，辅以必要的文字说明。

二、岩土工程勘察报告中主要图表的编制工法

岩土工程勘察报告中的图表大多数都是通过岩土工程勘察软件进行编制的，在此对其编制的工法作简单介绍。

（一）勘探点平面布置图

在建筑场地地形底图上，按一定比例尺，把拟建建筑物的位置、层数、各类勘探孔及测试点的编号和位置用不同的图例标示出来，注明各勘探孔、原位测试点的孔口高程、勘探或测试深度，并标注出勘探点剖面线及其编号等。

（二）工程地质柱状图

工程地质柱状图是根据钻孔的现场记录整理出来的，也称钻孔柱状图，现场记录中除了记录钻进的工具、方法和具体事项外，其主要内容是关于地层的分布（层面的深度、层厚）和地层的名称和特征的描述。绘制柱状图之前，应根据现场地层岩性的鉴别记录和土工试验成果进行分层和并层工作。当测试成果与现场鉴别不一致时，一般应以测试成果为主，只有当试样太少且缺乏代表性时才以现场岩性鉴别为准。绘制柱状图时，应自上而下对地层进行编号和描述，并用一定的比例尺（1：50～1：200）、图例和符号表示。在柱状图中还应标出取原状土样的深度、地下水位、标准贯入试验点位及标准贯击数等。

有时，根据工程情况，可将该区地层按新老次序自上而下以一定比例尺绘成柱状图，简明扼要地表示所勘察的地层的层序及其主要特征和性质，即综合地层柱状图。图上注明层厚、地质年代，并对岩石或土的特征和性质进行概括性的描述。

（三）工程地质剖面图

工程地质柱状图只反映场地某一勘探点处地层的竖向分布情况，工程地质剖面图则反映某一勘探线上地层沿竖向和水平向的分布变化情况。通过不同方向（如互相垂直的勘探线剖面）的工程地质剖面图，可以获取建筑场地内地层岩性、结构构造的三维分布变化情况。由于勘探线的布置常与主要地貌单元或地质构造轴线相垂直，或与建筑物的轴线相一致，故工程地质剖面图是岩土工程勘察报告的最基本的图件。

剖面图的垂直距离和水平距离可用不同比例尺。绘图时，首先将勘探线的地形剖面线绘出，标出勘探线上各钻孔中的地层层面，然后在钻孔的两侧分别标出层面的高程和深度，再将相邻钻孔中相同的土层分界点以直线相连。当某地层在邻近钻孔中缺失时，该层可假定于相邻两孔中间尖灭。剖面图中应标出原状土样的取样位置和地下水位线。各土层应用一定的图例表示，可以只绘出某一区段的图例，未绘出图例部分可由地层编号识别，这样可使图面更为清晰，此外，工程地质剖面图中可以绘制相应勘探孔的标准贯入试验曲线或静力触探试验曲线。

（四）原位测试成果图表

将各种原位测试成果整理成表，并附测试成果曲线。

三、岩土工程勘察报告审查

对岩土工程勘察报告的审核、审定工作统称为审查。岩土工程勘察报告审查是提高岩土工程勘察成果质量的重要环节，未经审查的岩土工程勘察报告不得提供给建设单位和设计单位使用。

岩土工程勘察报告一般实行二检二审制。勘察报告在审核（审定）之前，项目负责人应对成果资料进行自检，并由指定人员进行互检（核对）后，将其送交技术质量办，由勘察报告审核员进行审核，审核员审核后送总工程师办公室审定。审核（审定）人应对勘察报告的自检和互检（校对）情况进行审查，对未经充分自检和互检的报告，应责令项目负责人和校对人员进行重新检查。审核（审定）人对工程勘察全过程的质量有否决权。

（一）审核（审定）人应首先检查勘察全过程资料的完整性

审查内容包括：勘察合同、技术委托书、勘察纲要、野外地质编录、原位测试、土（岩）试验报告、水质分析报告等全过程的原始资料的审查。

审查原始资料是否齐全，实际完成的工作量是否满足合同、技术委托书和勘察纲要的要求，如果工作量有较大增减，是否有变更依据；审查钻探工作、地质编录、取样、岩土试验、水质分析资料等的质量情况。

（二）审核（审定）人应对室内分析、整理、绘制的各类图表和文字报告进行进行审查

审查各类试验数据与地层岩土性质特征是否吻合，工程地质层的划分是否合理，提供的设计参数是否可靠，文字报告内容是否齐全并突出重点，结论与建议是否切合实际、能否满足设计和技术委托要求，各类图、表是否充分；审查各类图表和文字报告的格式内容是否符合有关规定要求。

（三）报告审查后，应详细填写"报告审查纪要"

对岩土工程勘察全过程各环节的工作质量进行评述，同时对项目负责人的岩土工程勘察质量初评意见进行复评，填写岩土工程勘察项目质量综合评定表（复评），质量复评达到合格后，由总工程师（或授权副总工程师）批准签名，方可提供给委托单位。

第五章 地下水勘察

第一节 场地地下水的概念

一、岩土中的空隙类型

岩石或土内部存有大量的空隙，为水的储存和运动提供了空间和通道。空隙的多少、大小、形状及连通状况对地下水的分布和运动具有重要影响。根据成因和形状，空隙分为松散岩土中的孔隙、坚硬岩石中的裂隙和可溶岩石中的溶穴三种基本类型。

在不同的岩体或土体中，空隙类型有所不同。松散沉积物中以孔隙为主，坚硬岩石中以裂隙为主，可溶性沉积岩中以溶穴为主。但是，自然界岩土中空隙的发育状况是很复杂的，同一种岩土体中可能存在多种空隙类型，如固结程度不高的砂岩中，既有孔隙，也有裂隙；同一溶性的灰岩中，不仅有溶洞、溶隙和溶孔等，也有未经溶解作用的原生孔隙和裂隙等。

孔隙、裂隙和溶穴各具有不同的特点。在结构松散砂土（粗砂、细砂、粉细砂）和碎石土中，孔隙均匀分布，连通性好，不同方向上孔隙通道大小和数量都相差不大。坚硬岩石中的裂隙是有一定长度、宽度并沿一定方向延伸的裂缝，其显著特点是不均匀性和各向异性。裂隙的体积只占岩石体积的极小部分，裂隙在岩层中的分布非常不均匀，裂隙延伸方向渗透性很强，而垂直裂隙走向渗透性极小。裂隙间的连通性远比孔隙差，只有当裂隙发育比较密集且不同方向的裂隙相互交叉构成裂隙网络时，才有较好的连通性。溶穴包括溶洞、溶隙、溶孔等空隙类型，具有比裂隙更显著的不均匀性。既有规模巨大、延伸长达数十千米的大型溶洞，也有十分细小的岩溶裂隙以及溶孔。

二、含水层、隔水层

自然界的岩层按其透水能力可以划分为透水层、弱透水层和不透水层。能透水并含有大量重力水的岩层称为含水层，既不透水（或透水性很差）也不含重力水（或含水量极少）的岩层则称为隔水层。

含水层和隔水层的划分是相对的。岩性和渗透性完全一样的岩层，在某些条件下可能被看作是含水层，另外一些条件下则可能被当作隔水层或弱透水层。例如，渗透性较差仅含少量地下水的弱透水层，在水资源缺乏地区可能是含水层，而在水资源丰富地区通常被视为隔水层。又如，黏性土层渗透性较差，孔隙度高但给水度小，富水性不好，从供水角度完全可以当作隔水层或弱透水层；但在基坑降水、软土地基处理等岩土工程中，其渗透性和含水性就不能被忽略。同样地，渗透性较差的裂隙性岩体对供水可能无意义，但对水库的渗漏可能起到重要影响。

三、包气带和饱水带

地表以下一定深度上，岩土中的空隙被重力水所充满，形成地下水水面。地下水水面以上称为包气带，地下水水面以下称为饱水带，如图 5-1 所示。

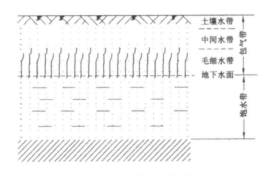

图 5-1 饱水带和包气带

包气带自上而下可分为土壤水带、中间水带和毛细水带。从地下水补给角度，包气带是地下水获得大气降水和地表水补给的必经之路；从岩土工程角度，包气带岩层类型、厚度、特征、含水率、水质、毛细水上升高度等关系到工程的稳定和使用，尤其是当建筑物基础位于地下水位附近时，要同时考虑饱水带地下水和毛细水上升高度对建筑地基的影响。

四、地下水分类

地下水按其赋存的空隙类型分为孔隙水、裂隙水和岩溶水三大类。

典型松散沉积物的孔隙水其分布和运动都是比较均匀的，且是各向同性的。同一孔隙含水层中的地下水通常具有统一的水力联系和水位。孔隙水的运动一般比较缓慢，运动状态多为层流。

　　裂隙水的分布和运动具有不均匀性。裂隙水赋存于岩体中有限体积的裂隙中，由于裂隙连通性较差，其分布常是不连续的和不均匀的。裂隙岩层一般不会构成具有统一水力联系、流场、水量均匀分布的含水层。裂隙水的运动也不同于孔隙水的运动，表现在：（1）裂隙水沿裂隙延伸方向运动，具有显著的方向性；（2）裂隙水一般不能形成连续的渗流场；（3）裂隙特别是宽大裂隙中水的运动速度较快，不同于多孔介质中的渗流。

　　典型的岩溶介质通常是由溶孔（孔隙）、溶蚀裂隙、溶洞（管道）组成的三重空隙介质系统，溶孔、裂隙和岩溶管道对岩溶水赋存和运动起着不同的作用。广泛分布的细小孔隙和溶蚀裂隙，导水性差而总空间大，是岩溶水赋存的主要空间。宽大的岩溶管道和裂隙具有很强的导水性，是岩溶水运动的主要通道。规模介于两者之间的溶蚀裂隙则兼具储水和导水的作用。大小形状不同的溶蚀性空隙彼此相互连通，使得岩溶水在宏观上具有统一的水力联系，而在微观上水力联系较差。岩溶水的运动也远比孔隙水和裂隙水复杂。在大型岩溶管道中，水流速度很大，有时可达每秒几米到几十米，水流常呈紊流状态。细小溶孔、溶隙中的岩溶水一般呈层流运动。

　　地壳浅部的地下水按埋藏条件可分为上层滞水、潜水和承压水三种类型：如图5-2。

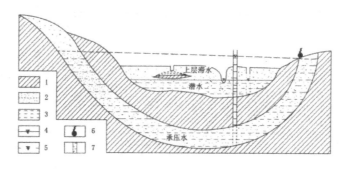

图 5-2　潜水、承压水及上层滞水

1—隔水层；2—透水层；3—饱水部分；4—潜水位；
5—承压水测压水位；6—泉（上升泉）；7—水井（实线表示井壁不进水）

（一）上层滞水

　　分布在包气带中局部隔水层或弱透水层之上具有自由水面的重力水。其分布范围和水量有限，来源于大气降水和地表水的入渗补给，只有在获得大量降水入渗补给后，才能积聚一定水量，仅在缺水地区有一定供水意义。

（二）潜水

　　地表以下第一个稳定隔水层（或渗透性极弱的岩土层）之上具有自由水面的地下水。潜水没有隔水顶板，与包气带连通，具有自由水面（即潜水面）。从潜水面到隔水底板的距离为潜水含水层厚度，潜水面到地面的距离为潜水埋藏深度。

　　潜水接受大气降水或地表水入渗补给，在重力作用下由水位高的地方向水位低的地方径流，以蒸发、泉或泄流等形式向地表或地表水体排泄。水位受气象、水文因素的影响与控制，丰水期或丰水年获得充足的补给后，水位上升；枯水期或枯水年，补给减少，水位下降。潜水埋藏深度较浅，当其以蒸发为主要排泄方式时，易成为含盐量高的咸水。另外，潜水容易受到地表各种污染物的污染。

（三）承压水

充满在两个隔水层之间的含水层中具有承压性质的地下水。承压含水层上部的隔水层称为隔水顶板，下部的隔水层称为隔水底板，隔水顶底板之间的距离为承压含水层厚度。

承压水的水位（标高）高于隔水顶板（标高），含水层顶板承受大气压以外的静水压力作用。承压含水层水位至含水层顶面间的距离称为承压高度。当承压含水层的水位高于地面标高时，如有钻孔钻穿隔水顶板，承压水便可自流或自喷，形成自流井。

承压水主要来源于大气降水和地表水的入渗，在水头差作用下由水头高的地方向水头低的地方径流，这一点与潜水基本相同。与潜水不同的是，如果承压含水层顶底板隔水性较好，承压水不以蒸发形式向外排泄，承压含水层的补给区、径流区、排泄区常常在位置不同的区域。承压含水层出露于地表或与其他含水层相接触的地方为补给区，接受降水、地表水或地下水的补给，经过一定距离的径流，在另外区域以泉或人工开采等形式排泄。当承压含水层顶底板为弱透水层时，可与其上下相邻的其他含水层中地下水发生越流。

处在封闭状态、水循环微弱的承压水水质较差，而处在开放状态、水循环比较强烈的承压水水质较好。

第二节　地下水勘察的要求

一、地下水勘察的重要性和必要性

随着城市建设的高速发展，特别是高层建筑的大量兴建，地下水的赋存和渗流形态对基础工程的影响越来越突出。主要表现在：

（1）近年来，高层、超高层建筑物越来越多，建筑物的结构与体型也向复杂化和多样化方向发展。与此同时，地下空间的利用普遍受到重视，大部分"广场式建筑"的建筑平面内部包含有纯地下室部分，高层建筑物基础一般埋深较大，多数超过10m，甚至超过20m。在抗浮设计和地下室外墙承载力验算中，正确确定抗浮设防水位成为一个牵涉巨额造价以及施工难度和周期的十分关键的问题。

（2）高层建筑的基础除埋置较深外，其主体结构部分多采用箱基或筏基，基础宽度很大，加上基底压力较大，基础的影响深度可数倍甚至数十倍于一般多层建筑。在基础影响深度范围内，有时可能遇到两层或两层以上的地下水，且不同层位的地下水之间，水力联系和渗流形态往往各不相同，造成人们难于准确掌握建筑场地孔隙水压力场的分布。由于孔隙水压力在土力学和工程分析中的重要作用，如果对孔隙水压力考虑不周，将影响建筑沉降分析、承载力验算、建筑整体稳定性验算等一系列工程评价问题。

（3）高层建筑物基础深，需要开挖较深的基坑。在基坑施工及支护工程中如遇到地下水，可能会出现涌水、冒砂、流沙和管涌等问题，不仅不利于施工，还可能造成严重的工程事故。

工程经验表明，在大规模的工程建设中，对地下水的勘察评价将对工程的安全和造价产生极大影响。

二、地下水勘察的基本要求

岩土工程对地下水的勘察应根据工程需要，通过收集资料和勘察工作，查明以下水文地质条件：

（1）地下水的类型和赋存状态。

（2）主要含水层的分布规律。

（3）区域性气象资料，如年降水量、蒸发量及其变化和对地下水位的影响。

（4）地下水的补给、径流和排泄条件，地表水与地下水的补排关系及其对地下水位的影响。

（5）除测量地下水水位外，还应调查历史最高水位、最近最高地下水位。查明影响地下水位动态的主要因素，并预测未来地下水变化趋势。

（6）查明地下水或地表水污染源，评价污染程度。

（7）对缺乏常年地下水位监测资料的地区，在高层建筑或重大工程的初步勘察时，宜设置长期观测孔，对地下水位进行长期观测。

地下水的赋存状态是随时间变化的，不仅有年变化规律，也有长期的动态规律。一般情况下详细勘察阶段时间紧迫，只能了解勘察时刻的地下水状态，有时甚至没有足够的时间进行规定的现场试验；因此，除要求加强对长期动态规律的收集资料和分析工作外，在初勘阶段宜预设长期观测孔和进行专门的水文地质勘察工作。

三、专门水文地质勘察要求

对高层建筑或重大工程，当水文地质条件对地基评价、基础抗浮和工程降水有重大影响时，宜进行专门的水文地质勘察。主要任务是：

（1）查明含水层和隔水层的埋藏条件、地下水类型、流向、水位及其变化幅度；当场地范围内分布有多层对工程有影响的地下水时，应分层量测地下水位，并查明不同含水层之间的相互补给关系。

（2）查明场地地质条件对地下水赋存和渗流状态的影响，必要时应设置观测孔或在不同深度处埋设孔隙水压力计，量测水头随深度的变化。

地下水对基础工程的影响，实质上是水压力或孔隙水压力场的分布状态对工程结构影响的问题，而不仅仅是水位问题；了解在基础受力层范围内孔隙水压力场的分布，特别是在黏性土层中的分布，在高层建筑勘察与评价中是至关重要的。因此，宜查明各层地下水的补给关系、渗流状态以及量测水头压力随深度变化，有条件时宜进行渗流分析，量化评价地下水的影响。

（3）通过现场试验，测定含水层渗透系数等水文地质参数。渗透系数等水文地质参数的测定，有现场试验和室内试验两种方法。一般室内试验误差较大，现场试验比较切合实际，因此，一般宜通过现场试验测定。当需要了解某些弱透水性地层的参数时，也可采用室内试验方法。

四、取样和分析要求

工程场地的水（包括地下水或地表水）和岩土中的化学成分对建筑材料（钢筋和混凝土）可能有腐蚀作用，因此，岩土工程勘察时要采取土样和水样，分析其化学成分，评价水或土对建筑材料是否具有腐蚀性。水土样的采取应该符合下列规定：

（1）所取水试样应能代表天然条件下的水质情况。地下水样的采取应注意：

水样瓶要洗净，取样前用待取样水对水样瓶反复冲洗三次；

采取水样体积简分析时为100mL；侵蚀性 CO_2 分析时为500mL，并加 $2 \sim 3g$ 大理石粉；全分析时取 3000mL；

采取水样时应将水样瓶沉入水中预定深度缓慢将水注入瓶中，严防杂物混入，水面与瓶塞间要留1cm左右的空隙；

水样采取后要立即封好瓶口，贴好水样标签，及时送化验室；

水样应及时化验分析，清洁水放置时间不宜超过72h，稍受污染的水不宜超过48h，受污染的水不宜超过12h。

（2）混凝土和钢结构处于地下水位以下时，分别采取地下水样和地下水位以上土样作腐蚀性试验；处于地下水位以上时，应采取土样作土的腐蚀性试验，处于地表水中时，应采取地表水样作水的腐蚀性试验。

（3）每个场地水和土样的数量各至少2件，建筑群场地至少各3件。

第三节　水文地质参数及其测定

一、水文地质参数

水文地质参数是反映地层水文地质特征的数量指标，与岩土工程有关的水文地质参数包括渗透系数、导水系数、给水度、释水系数、越流系数、越流因数、单位吸水率、毛细上升高度以及地下水位等。

对于承压含水层，水头下降会引起含水层压密和水体积膨胀，含水层发生弹性释水，释水系数用来表示承压含水层的这种弹性释水能力。对于潜水含水层，水位下降时，潜水面下降范围（水位变动带）内含水层发生重力释水，而下部饱水部分也因水位下降而发生弹性释水。但是，弹性释水系数通常在 $10^{-3} \sim 10^{-5}$ 之间，重力给水度值一般为 $0.05 \sim 0.25$，二者相差甚大。与重力释水相比，弹性释水量微不足道，通常只考虑潜水含水层的重力给水度。

求得地下水参数的方法有多种，应根据地层岩性透水性能的大小和工程的重要性以及对地下水参数的要求，按表 5-1 进行选择。

表 5-1　地下水参数测定方法

地下水参数	测定方法
水位	钻孔、探井或测压管观测
流速、流向	钻孔或探井观测
渗透系数、导水系数	抽水试验、注水试验、压水试验、室内渗透试验
给水度、释水系数	单孔抽水试验、非稳定流抽水试验、地下水位长期观测、室内试验
越流系数、越流因数	多孔抽水试验（稳定流或非稳定流）
单位吸水率	注水试验、压水试验
毛细水上升高度	基坑试验、室内试验

二、地下水位的测量

（一）水位测量基本要求

（1）遇到地下水时应量测水位：包括初见水位和稳定水位。

（2）稳定水位应在初见水位后经一定的稳定时间后量测。稳定水位的间隔时间根据地层的渗透性确定，对砂土和碎石不得少于 0.5h，对粉土和黏性土不得少于 8h。勘察工作结束后，应统一量测勘察场地稳定水位。水位测量精度不得低于 2cm。

（3）对工程有影响的多层含水层的水位量测，应采取止水措施，将被测含水层与其他含水层隔开。勘察场地有多层含水层时，要分层测量水位，利用勘探钻孔测量水位时，要采取止水措施，将被测含水层与其他含水层隔开。

（二）水位测量方法

测量水位可根据工程性质、施工条件、水位埋深等选用不同的测量方法。水位埋深比较浅时，可用钢尺、皮尺、测钟等测量工具在勘探孔或测压管中直接测量；水位埋藏深度较大时，可用电阻水位计在勘探孔或测压管中测量；当工程需要连续监测地下水水位变化时，可在钻孔或测压管中安装自动水位记录仪进行连续自动测量。

三、地下水流向与流速测定

在各向同性含水层中，地下水流向与等水头线垂直正交，因此，地下水流向可以根据地下水等水位线图确定。如勘察区没有地下水等水位线图时，就需要利用已有井孔或布置钻孔实测地下水流向。

（一）地下水流向的测定方法和要求

测量地下水的流向可用几何法，即沿等边三角形顶点布置三个钻孔，孔间距根据岩土的渗透性、水力梯度和地形坡度确定，一般为 50 ～ 100m。如利用现有民井或钻孔时，三个钻孔须形成锐角三角形，其中最小的夹角不宜小于 40°。

首先测量各孔（井）地面高程和地下水位埋深，然后计算出各孔地下水水位。绘制等水位线图，从标高高的等水位线向标高低的水位线画垂线，即为地下水流向。

（二）地下水流速测定的方法与要求

地下水流速的测定方法有指示剂法和充电法。当地下水流向确定后，沿地下水流动方向布置两个钻孔，上游钻孔用于投放指示剂，如 $NaCl_2NH_4Cl$ 等盐类或着色颜料等，下游钻孔用于接收指示剂。投剂孔与接收孔间的距离由含水层条件确定，一般细砂层为 2 ～ 5m，含砾粗砂层为 5 ～ 15m，裂隙岩层为 10 ～ 15m，对岩溶含水层可大于 50m。为避免指示剂绕观测孔流过，可在观测孔两侧 0.5 ～ 1.0m 范围内各布置一个辅助观测孔。

当潜水水位埋深不大于 5m 时，可用充电法测定地下水的流速。一个孔放阴极，一个孔放阳极，这样，地下水、两极及连接两极的电路就构成闭合电路。给电路通电，电解质就从投剂孔向接收孔运动，根据电路中电流计指针的偏转以及电流—时间曲线，可以确定电解质通过接收孔的时间。

四、渗透系数的测定

测定渗透系数的方法有现场和室内两大类。由于岩土渗透系数在勘察场地范围内通常是不均匀的，室内试验结果仅能代表测试样品的渗透性，不具有代表性。现场试验结果可以弥补室内试验的不足，可以测定整个勘察场地任意位置岩土渗透系数。

（一）渗水试验

试坑渗水试验适合用于测定包气带非饱和岩土层的渗透系数，常用的试验方法有试坑法、单环法和双环法。

1. 试坑法

试坑法适用于砂性土。

在地表挖面积为 30cm×30cm 的方形试坑或直径为 35.75m 的圆形试坑，在坑底铺设厚 2cm 的沙砾石层向试坑内连续注水，控制注水量，使坑底水层厚度 z 始终为常数（10cm 为宜）（见图 5-3）。当从坑底下渗的水量 Q 达稳定，并能延续 2 ～ 4h 时，试验即可结束。

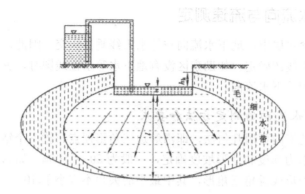

图5-3　渗坑注水试验示意图

2. 单环法

单环法适用于砂性土。它是在试坑底嵌入一高20cm、直径37.75cm的铁环，该铁环圈定的面积为100cm²（见图5-4）。用马里奥特瓶控制环内水柱，使其保持在10cm高度，试验一直进行到渗入水量 Q 固定不变时为止。

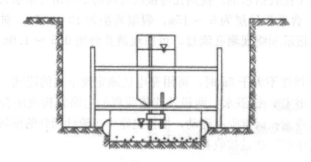

图5-4　单环法渗水试验装置示意图

3. 双环法

双环法适用于测定黏性土的渗透系数。它是在试坑底嵌入两个铁环，外环直径0.5m，内环直径为0.25m，内、外环都切入土层10cm（见图5-5）。用马利奥特瓶向双环内注水，使外环和内环的水柱都保持在同一高度上（宜10cm）。当内环渗水量达到稳定时，单位面积的渗水量即为该土层的渗透系数。

双环法是根据内环所取得的渗水量确定岩土层渗透系数的，水在内环中只有垂向渗流，而无侧向渗流，消除了侧向渗流所造成的误差，测试的精度较试坑法和单环法高。

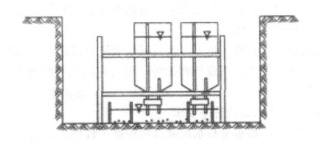

图 5-5　双环法渗水试验装置示意图

（二）注水试验

钻孔注水试验适用于地下水位埋藏较深，不便于进行抽水试验的场地或在不含地下水的透水地层中进行。

钻孔注水试验在原理上与抽水试验相似，所不同的是，注水试验时，在注水钻孔周围地层内形成反向的水位漏斗，试验时，往孔内连续注水，形成稳定的水位和常量的注水量。注水稳定时间因目的和要求不同而异，一般为 4 ～ 8h。渗透系数可按相同条件的定流量抽水公式计算。

（三）抽水试验

抽水试验是岩土工程勘察中测定岩土层渗透系数、导水系数、给水度、释水系数、越流系数和越流因素等水文地质参数的有效方法。

1. 抽水试验类型

抽水试验方法根据钻孔及观测孔数量、抽水井揭露含水层程度、含水层类型、水位与时间关系、含水层数量不同分类，岩土工程勘察一般用稳定流抽水试验即可满足勘察要求，非稳定流抽水试验比较复杂，较少使用。

2. 抽水试验的技术要求

（1）抽水孔与观测孔的布置

抽水孔位置应根据试验目的并结合场地水文地质条件、地形、地貌以及周围环境，布置在有代表性的地段。观测孔的布置应围绕抽水孔，可布置 1 ～ 2 排。布置 1 排时，沿垂直地下水流向布置；布置 2 排时，沿垂直和平行地下水流向各布置 1 排。距抽水井最近的第一个观测孔距抽水井的距离不宜小于含水层厚度；最远观测孔距第一个观测孔不宜太远，以保证抽水时在各观测孔内都能测得一定水位降深值。各观测孔的过滤器长度应当相等，并安置在同一含水层的同一深度上。

抽水试验时应防止抽出的水在抽水影响范围内回渗到含水层中，试验前可修建防渗排水沟渠，把水排出抽水影响范围之外。

（2）水位和水量观测要求

抽水试验前和抽水试验时，必须同步测量抽水孔和观测孔的水位，抽水试验结束后，应测量恢复水位。

水位的量测，在同一试验中应采用同一方法和工具，测量时抽水孔的水位应精确至厘米，观测孔应精确至毫米。

抽水量可采用堰箱、孔板流量计、量筒或水表进行测量，采用堰箱或孔板流量计时，水位测量读数达到毫米；用量筒测量时，量筒充满水的时间不宜大于 15s，用水表量测时，应读数至 0.1m。

（3）水位观测及抽水延续时间要求

稳定流抽水试验时，抽水量和水位降深应根据工程性质、试验目的和要求确定。对于要求比较高的工程，应进行 3 个水位落程的抽水，最大的水位降深应接近工程设计的水位标高，其余 2 次下降值可控制在最大下降值的 1/3 和 2/3。对于一般工程的简易抽水试验，可进行 1～2 个落程的抽水。

抽水试验的稳定标准，应符合在抽水稳定延续时间内，抽水孔涌水量与时间和动水位与时间的关系曲线只在一定范围内波动，且没有持续上升或下降趋势。稳定延续时间长短取决于含水层类型、补给条件和试验目的等因素，一般情况下，卵砾石和粗砂含水层的稳定延续时间为 8h，中砂、细砂和粉砂含水层为 16h，基岩含水层为 24h。

（4）渗透系数的计算

含水层的渗透系数可根据抽水试验类型（如井的完整程度、进水方式、含水层类型、水位与时间关系等），选择不同的公式进行计算。

（四）压水试验

压水试验是将水从地面上压入钻孔内，使其在一定的压力下渗入地层中，以求得地层的渗透系数。适用于渗透性较差以及地下水距地表很深的坚硬及半坚硬岩层。压水试验应根据工程要求，结合工程地质测绘和钻探资料，确定试验孔位，按岩层的渗透特性划分试验段，按需要确定试验的起始压力、最大压力和压力级数，及时绘制压力与压入水量的关系曲线，计算试段的透水率，确定 $p\text{-}Q$ 曲线的类型。

压水试验的方法是利用专门的活动栓塞隔绝在一定的钻孔区段内，施加不同的注水压力，向试验段的岩层内压水。

1. 压水试验分类

（1）按试验段划分可分为分段压水试验、综合压水试验和全孔压水试验。

（2）按压力点划分为单点压水试验、三点压水试验和多点压水试验。

（3）按试验压力分为低压压水试验和高压压水试验。

（4）按加压方式分为水柱压水试验、自流式压水试验和机械法压水试验。

2. 压水试验的主要参数

（1）压入水量

压入水量是在某一个确定压力作用下，压力值呈稳定后，每隔 10min 测读压入水量，压入水量呈稳定状态的流量。当控制某一设计压力连续四次读数的最大值与最

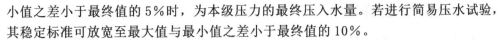

小值之差小于最终值的5%时，为本级压力的最终压入水量。若进行简易压水试验，其稳定标准可放宽至最大值与最小值之差小于最终值的10%。

（2）压力阶段和压力值

压水试验的总压力是指用于试验段的实际平均压力，其单位习惯上均以水柱高度*m*计算，其水柱高度由地下水位算起。应按工程需要确定试验的最大压力值和压力施加的分级数及起始压力。

（3）试验段长度

试验段长度可根据地层的单层厚度、裂隙发育程度等因素确定，一般为$5 \sim 10m$。如果岩芯完整，可适当加长试验段，但不宜大于10m，可利用专门的活动栓塞分段隔离。

五、孔隙水压力测定

孔隙水压力对土体变形和稳定性有很大影响，在饱和地基土层中进行地基处理和基础施工时，需要测量孔隙水压力值及其变化。

（一）测量方法及适用条件

孔隙水压力测量方法视仪器类型不同而有所区别，各类测压计适用条件、性能、测量精度、灵敏度、量程、对测试环境要求等各不相同，应根据工程测试目的、土层渗透性和测试期长短等条件，选择合适类型仪器和方法。

（二）孔隙水压力测量要求

孔隙水压力测试点的布置及数量，应考虑地层渗透性、工程要求、基础类型、测试目的等因素，包括量测地基土在荷载不断增加过程中，新建建筑物对邻近建筑物的影响；深基础施工和地基处理引起的孔隙水压力的变化。对圆形基础可以圆心为基点按径向布置测点，测点间距$5 \sim 10m$。

测压计的埋设与安装直接影响测试成果的正确性，安装埋设测压计前必须标定。安装时要将测压计探头放置到预定深度，其上覆盖30cm砂，均匀充填，并投入膨润土球，经压实后注入泥浆密封。

测量后要做孔隙水压力与时间变化曲线图和孔隙水压力与深度变化曲线图，作为孔隙水压力测量的成果。

第四节 地下水作用及评价

在岩土工程勘察、设计、施工及监测过程中，应充分考虑地下水对各类岩土工程的影响及作用。在进行岩土工程勘察时，不仅要查明地下水赋存条件和天然状态，还要对地下水对各类岩土工程的作用进行分析评价和预测，并提出预防措施的建议。

一、地下水的作用

地下水对岩土体和建筑物的作用，按其机制可以划分为两类：一类是力学作用，另一类是物理和化学作用。地下水的力学作用包括浮托作用、渗流作用（潜蚀、流沙、管涌和流土等）、地面沉降与回弹作用、动水压力作用和砂土液化等。物理和化学作用包括地下水对混凝土、金属材料的腐蚀作用，地下水对岩土的软化、崩解、湿陷、胀缩、潜蚀和冻融作用等。

二、地下水作用的评价内容

地下水作用的评价包括定量评价和定性评价，力学作用一般是能定量计算的，通过测定有关参数和建立力学模型，用解析法或数值法给出满足工程要求的评价结果。复杂的力学作用，可以简化计算，得到满足工程要求的定量或半定量评价结果。物理和化学作用由于岩土特性的复杂性，通常是难以定量评价的，但可以通过分析给出定性的评价。

（一）地下水力学作用的评价内容

（1）对基础、地下结构物和挡土墙，应考虑在最不利组合情况下，地下水对结构物的上浮作用；对节理不发育的岩石和黏土具有地方经验或实测数据时，可根据经验确定；有渗流时，通过渗流计算分析评价地下水的水头和作用。

（2）验算边坡稳定时，应考虑地下水对边坡稳定的不利影响。

（3）在地下水位下降的影响范围内，应考虑地面沉降及其对工程的影响，当地下水位回升时，应考虑可能引起的回弹和附加的浮托力。

（4）当墙背填土为粉砂、粉土或黏性土，验算支挡结构物的稳定时，应根据不同排水条件评价静水压力、动水压力对支挡结构物的作用。

（5）因水头压力差而产生自下向上的渗流时，应评价产生潜蚀、流土、管涌的可能性。

（6）在地下水位以下开挖基坑或地下工程时，应根据岩土的渗透性、地下水补给条件，分析评价降水或隔水措施的可行性及其对基坑稳定和邻近工程的影响。

（二）地下水的物理和化学作用的评价内容

（1）对地下水位以下的工程结构，应评价地下水对混凝土、金属材料的腐蚀性。

（2）对软质岩石、强风化岩石、残积土、湿陷性土、膨胀岩土和盐渍岩土，应评价地下水的聚集和散失所产生的软化、崩解、湿陷、胀缩和潜蚀等有害作用。

（3）在冻土地区，应评价地下水对土的冻胀和融陷的影响。

三、地下水浮托作用评价

地下水对水位以下的岩土体有静水压力的作用，并产生浮托力。在透水性较好的土层中或节理发育的岩石地基中，浮托力可以用阿基米德原理进行计算，即当岩土体的节理裂隙或孔隙中的水与岩土体外界地下水相通，岩石体积部分或土体积部分的浮力即为浮托力。

　　建筑物位于粉土、砂土、碎石土和节理发育的岩石地基时，按设计水位的100%计算浮托力；当建筑物位于节理不发育的岩石地基时，按设计水位的50%计算浮托力；当建筑物位于透水性很差的黏性土地基时，很难确定地下水的浮托作用及浮托力，此时，可根据当地经验确定。

　　地下水的存在，特别是当地下水在水头差作用下发生渗流时，对边坡稳定可能构成威胁。

　　在这种情况下，应考虑水对地下水位以下岩土体的浮托作用，在土坡稳定验算时，地下水位以下岩土体的重度应用浮重度。

四、地下水的潜蚀作用

　　潜蚀作用分机械潜蚀作用和化学潜蚀作用两种。

　　机械潜蚀作用是指地下水渗流时所产生的动水压力，使土粒受到冲刷，将土中的细颗粒带走，从而使土的结构发生破坏。

　　化学潜蚀作用是指地下水溶解土中的易溶盐成分，使土颗粒的胶结及结构受到破坏，降低了土粒间的结合力。

　　机械潜蚀和化学潜蚀一般是同时进行的，潜蚀作用降低岩土地基土强度，甚至在地下形成洞穴，以致产生地表塌陷，影响建筑物的稳定。

五、渗流作用评价

　　基坑工程一般位于地下水水位以下，地下水问题比较突出。地下水对基坑工程的影响包括：（1）恶化基坑开挖和施工条件。地下水流入基坑，不仅严重影响开挖和施工质量和效率，同时坑内排水会造成基坑周围地面沉降、变形，导致周围建筑物下沉、变形、开裂甚至倾斜破坏。（2）易发生突涌、流沙、管涌等不良现象。在砂性土层中开挖基坑，由于坑内外会产生水头差，地下水向坑内渗流，容易出现流沙、管涌和基坑突涌等不良现象，威胁基坑工程及周围建筑物的安全。（3）软化基坑周围土质，降低基坑周围岩土体的强度，易造成坑壁变形、坑坡失稳、坍塌甚至整体滑移等事故。（4）增大支护结构上的压力。

（一）基坑突涌

　　当基坑之下存在有承压水时，开挖基坑减小了承压含水层上覆的隔水层厚度，当它减小到一定程度时，隔水层厚度不能继续承受承压水的水头压力，承压水在承压水头压力作用下冲破隔水层，涌入基坑，发生突涌。

（二）管涌

　　当基坑底面以下或周围的土层为结构疏松的砂土层时，地基土在具有一定渗流水流的作用下，其细小颗粒被水冲走，土中的孔隙增大，慢慢形成一种能穿越地基的细管状渗流通路，起到掏空地基的作用，使地基或坝体变形、失稳，此现象即为管涌。

（三）流沙

流沙是指松散细砂、粉砂和粉土被水饱和后产生流动的现象，它多发生在深基坑开挖工程中，不仅给施工造成困难，而且会破坏岩土强度，使基坑坍塌，危及邻近建筑物的安全。由于它的发生多是突发性的，对工程的危害极大。

六、水和土的腐蚀性作用评价

场地下的地下水和土及地表水中的某些化学成分对混凝土、钢筋等建筑材料有侵蚀性和腐蚀性，如果建筑物地基长期处在具有侵蚀性的地下水环境中，势必会受到破坏，危害非常大，因此，岩土工程勘察工作中，除非有足够经验或充分材料，能够认定工程场地及其附近的土或水（地下水或地表水）对建筑材料没有腐蚀性可以不进行水土腐蚀性评价外，一般均应取土样或水样进行水质或土质分析，进行腐蚀性分析评价。

土对钢结构腐蚀性的评价可根据任务要求进行。

（一）取样要求

采取水试样和土试样应符合下列规定：

（1）混凝土处于地下水位以下时，应采取地下水试样和地下水位以上的土样，并分别作腐蚀性试验。

（2）混凝土处于地下水位以上时，应采取土试样作土的腐蚀性试验；实际工作中应注意地下水位的季节变化幅度，当地下水位上升，可能浸没构筑物时，仍应采取水样进行水的腐蚀性试验。

（3）混凝土或钢结构处于地表水中时，应采取地表水试样作水的腐蚀性试验。

（4）水和土的取样应在混凝土结构所在的深度采取，数量每个场地不应少于2件，对建筑群不宜少于3件。当土中盐类成分和含量分布不均匀时，应分区、分层取样，每区、每层不应少于2件。

（二）水、土腐蚀性分析试验项目和方法

（1）水对混凝土结构腐蚀性的测试项目包括：pH值、Ca^{2+}、Mg^{2+}、Cl^-、SO_4^{2-}、HCO_3^-、HCO_3^{2-}、侵蚀性 CO_2、游离 CO_2、NH_4^+、OH^-、总矿化度。

（2）土对混凝土结构腐蚀性的测试项目包括：pH值、Ca^{2+}、Mg^{2+}、Cl^-、CO_3^{2-}、HCO_3^- 的易溶盐（土水比1∶5）分析。

（3）土对钢结构的腐蚀性的测试项目包括：pH值、氧化还原电位、极化电流密度、电阻率、质量损失。

（三）水、土的腐蚀性评价

1. 水的侵蚀作用

大量的试验证明，水对混凝土的侵蚀破坏是通过分解性侵蚀、结晶性侵蚀和结晶分解复合性侵蚀作用进行的。

分解性侵蚀是指酸性水溶滤氢氧化钙以及侵蚀性碳酸溶滤碳酸钙而使水泥分解破

坏的作用，分为一般酸性侵蚀和碳酸侵蚀。一般酸性侵蚀就是水中的氢离子与氢氧化钙起反应使混凝土溶滤破坏，水的 pH 值越低，对混凝土的侵蚀性就越强。碳酸侵蚀是混凝土中石灰在水和水中 CO_2 的作用下，形成重碳酸钙，使混凝土破坏。

结晶性侵蚀是含硫酸盐的水与水泥发生反应，在混凝土的孔洞中形成石膏和硫酸铝盐晶体。这些新化合物的体积增大，混凝土受结晶膨胀作用影响，力学强度降低，以致破坏。

2. 场地环境类型

水（地下水或地表水）、岩石、土对建筑材料有无腐蚀性及腐蚀程度不仅与水和岩土中腐蚀发生化学成分含量有关外，还与场地气候条件和地质条件有关。在不同气候条件下，干湿交替作用、冻融交替作用、日气温变化、大气湿度及变化有较大差别，这种差别直接影响到腐蚀介质（水、土）对混凝土的腐蚀速度和腐蚀程度。

3. 水和土对混凝土结构的腐蚀性评价

水和土对建筑材料的腐蚀性，可分为微、弱、中、强四个等级。水和土对混凝土结构的腐蚀性受气候环境与地层渗透性的影响，因此，需要按环境类型和地层渗透性评价水对混凝土结构的腐蚀性。按环境类型评价时，评价因子包括硫酸盐、镁盐、铵盐、苛性碱含量和总矿化度，并考虑场地环境类型的影响。按地层渗透性评价时，评价因子主要是 pH 值、侵蚀性 CO_2 和 HCO_3^-，并考虑地层渗透性影响。

干湿交替是指地下水位变化和毛细水升降时，建筑材料的干湿变化情况。干湿交替和气候区与腐蚀性的关系十分密切。相同浓度的盐类，在干旱区可能是强腐蚀，而在湿润区可能是弱腐蚀或无腐蚀性。水或潮湿的土中的某些盐类，通过毛细上升浸入混凝土的毛细孔中，经过干湿交替作用，盐溶液在毛细孔中被浓缩至近饱和状态，当温度下降时，析出盐的结晶，晶体膨胀使混凝土遭受腐蚀破坏；温度回升，水汽增加时，结晶会潮解，当温度再次下降时，再次结晶，腐蚀进一步加深。冻融交替也是影响腐蚀的重要因素，如盐的浓度相同，在不冻区因达不到饱和状态不会析出结晶，而在冰冻区，由于气温低，盐分易析出结晶，从而破坏混凝土。

4. 水和土对钢筋混凝土结构中钢筋的腐蚀性评价

水和土对钢筋混凝土结构中钢筋的腐蚀性主要取决于 pH 值、Cl^- 离子和 SO_4^{2-} 离子含量，此外，还要考虑水的交替作用。这是因为，钢筋如果长期浸泡于水中，由于缺少氧的作用，不容易被腐蚀；相反，如果钢筋处于干湿交替的环境中，由于氧的作用，钢筋容易被腐蚀。

5. 水和土对钢结构（含钢管道）的腐蚀性评价

用 pH 值、Cl^- 和 SO_4^{2-} 离子含量评价水对钢结构的腐蚀性，用 pH 值、氧化还原电位、电阻率、极化电流密度和质量损失评价土对钢结构的腐蚀性，当土或水中含有铁细菌、硫酸盐还原细菌、硫氧化细菌等细菌时，会加快对钢铁材料的腐蚀速度，对埋置于地下的钢铁构筑物或管道危害极大。因此，如果发现水的沉淀物中有铁的褐色絮状物沉淀、悬浮物中有褐色生物膜、绿色丛块或有硫化氢臭味等现象时，还应作细菌分析，分析水中有无铁细菌、硫酸盐还原细菌。

第五节 地下水监测

一、需要进行地下水监测的情况

遇下列情况时，应进行地下水监测：

（1）地下水位升降影响岩土稳定时。

（2）地下水位上升产生浮托力对地下室或地下构筑物的防潮、防水或稳定性产生较大影响时。

（3）施工降水对拟建工程或相邻工程有较大影响时。

（4）施工或环境条件改变，造成的孔隙水压力、地下水压力变化，对工程设计或施工有较大影响时。

（5）地下水位的下降造成区域性地面沉降时。

（6）地下水位升降可能使岩土产生软化、湿陷、胀缩时。

（7）需要进行污染物运移对环境影响的评价时。

二、地下水监测的基本要求

监测工作的布置，应根据监测目的、场地条件、工程要求和水文地质条件确定。地下水监测方法应符合下列规定：

（1）地下水位的监测，可设置专门的地下水位观测孔或利用水井、地下水天然露头进行。

（2）孔隙水压力的监测，应特别注意设备的埋设和保护，可采用孔隙水压力计、测压计进行。

（3）用化学分析法监测水质时，采样次数每年不应少于 4 次（每季至少一次），进行相关项目的分析。

（4）动态监测时间不应少于一个水文年。

（5）当孔隙水压力变化可能影响工程安全时，应在孔隙水压力降至安全值后方可停止监测。

（6）对受地下水浮托力的工程，地下水压力监测应进行至工程荷载大于浮托力后方可停止监测。

第六章 工程场地岩土工程勘察

第一节 房屋建筑与构筑物

一、主要工作内容

房屋建筑和构筑物［以下简称建（构）筑物］的岩土工程勘察，应有明确的针对性，因此应在收集建（构）筑物上部荷载、功能特点、结构类型、基础形式、埋置深度和变形限制等方面资料的基础上进行，以便提出岩土工程设计参数和地基基础设计方案。不同勘察阶段对建筑结构的了解深度是不同的。建（构）筑物的岩土工程勘察主要工作内容应符合下列规定：

（1）查明场地和地基的稳定性、地层结构、持力层和下卧层的工程特性、土的应力历史和地下水条件以及不良地质作用等。

（2）提供满足设计、施工所需的岩土参数，确定地基承载力，预测地基变形性状。

（3）提出地基基础、基坑支护、工程降水和地基处理设计与施工方案的建议。

（4）提出对建（构）筑物有影响的不良地质作用的防治方案建议。

（5）对于抗震设防烈度等于或大于6度的场地，进行场地与地基的地震效应评价。

二、勘察阶段的划分

根据我国工程建设的实际情况和勘察工作的经验，勘察工作宜分阶段进行。勘察是一种探索性很强的工作，是一个从不知到知、从知之不多到知之较多的过程，对自然的认识总是由粗到细、由浅而深，不可能一步到位。况且，各设计阶段对勘察成果也有不同的要求，因此，必须坚持分阶段勘察的原则，勘察阶段的划分应与设计阶段相适应。可行性研究勘察应符合选择场址方案的要求，初步勘察应符合初步设计的要求，详细勘察应符合施工图设计的要求，场地条件复杂或有特殊要求的工程，宜进行施工勘察。

但是，也应注意到，各行业设计阶段的划分不完全一致，工程的规模和要求各不相同，场地和地基的复杂程度差别很大，要求每个工程都分阶段勘察是不实际也是不必要的。勘察单位应根据任务要求进行相应阶段的勘察工作。

场地较小且无特殊要求的工程可合并勘察阶段。在城市和工业区，一般已经积累了大量工程勘察资料。当建（构）筑物平面布置已经确定且场地或其附近已有岩土工程资料时，可根据实际情况，直接进行详细勘察。但对于高层建筑的地基基础，基坑的开挖与支护、工程降水等问题有时相当复杂，如果这些问题都留到详勘时解决，往往因时间仓促而解决不好，故要求对在短时间内不易查明并要求做出明确的评价的复杂岩土工程问题，仍宜分阶段进行。

岩土工程既然要服务于工程建设的全过程，当然应当根据任务要求，承担后期的服务工作，协助解决施工和使用过程中遇到的岩土工程问题。

三、各勘察阶段的基本要求

（一）选址或可行性研究勘察

把可行性研究勘察（选址勘察）列为一个勘察阶段，其目的是要强调在可行性研究时勘察工作的重要性，特别是一些大的工程更为重要。

在本阶段，要求通过收集、分析已有资料，进行现场踏勘，必要时，进行工程地质测绘和少量勘探工作，应对拟建场地的稳定性和适宜性做出岩土工程评价，进行技术经济论证和方案比较应符合选择场址方案的要求。

1. 主要工作内容

（1）收集区域地质、地形地貌、地震、矿产、当地的工程地质、岩土工程和建筑经验等资料。

（2）在充分收集和分析已有资料的基础上，通过踏勘了解场地的地层、构造、岩性、不良地质作用和地下水等工程地质条件。

（3）当拟建场地工程地质条件复杂，已有资料不能满足时，应根据具体情况进行工程地质测绘和必要的勘探工作。

（4）应沿主要地貌单元垂直的方向线上布置不少于 2 条地质剖面线。在剖面线上钻孔间距为 400～600m。钻孔深度一般应穿过软土层进入坚硬稳定地层或至基岩。钻孔内对主要地层宜选取适当数量的试样进行土工试验。在地下水位以下遇粉土或砂层时应进行标准贯入试验。

（5）当有两个或两个以上拟选场地时，应进行比选分析。

2. 主要任务

（1）明确选择场地范围和应避开的地段；确定建筑场地时，在工程地质条件方面，宜避开的相应地区或地段。

（2）进行选址方案对比，确定最佳场地方案。选择场地一般要有两个以上场地方案进行比较，主要是从岩土工程条件、对影响场地稳定性和建设适宜性的重大岩土工程问题做出明确的结论和论证，从中选择有利的方案，确定最佳场地方案。

（二）初步勘察

初步勘察是在可行性研究勘察的基础上，对场地内拟建建筑场地的稳定性和适宜性做出进一步的岩土工程评价，为确定建筑总平面布置、主要建（构）筑物地基基础方案和基坑工程方案及对不良地质现象的防治工程方案进行论证，为初步设计或扩大初步设计提供资料，并对下一阶段的详勘工作重点提出建议。

1. 主要工作内容

（1）进行勘察工作前，应详细了解、研究建设设计要求，收集拟建工程的有关文件、工程地质和岩土工程资料、工程场地范围的地形图、建筑红线范围及坐标以及与工程有关的条件（建筑的布置、层数和高度、地下室层数以及设计方的要求等）；充分研究已有勘察资料，查明场地所在的地貌单元。

（2）初步查明地质构造、地层结构、岩土工程特性。

（3）查明场地不良地质作用的成因、分布、规模、发展趋势，判明影响场地和地基稳定性的不良地质作用和特殊性岩土的有关问题，并对场地稳定性做出评价，包括断裂、地裂缝及其活动性，岩溶、土洞及其发育程度，崩塌、滑坡、泥石流、高边坡或岸边的稳定性，调查了解古河道、暗浜、暗塘、洞穴或其他人工地下设施。

（4）对抗震设防烈度大于或等于6度的场地，应对场地和地基的地震效应做出初步评价。应初步评价建筑场地类别，场地属抗震有利、不利或危险地段，液化、震陷可能性，设计需要时应提供抗震设计动力参数。

（5）初步判明特殊性岩土对场地、地基稳定性的影响，季节性冻土地区应调查场地的标准冻结深度。

（6）初步查明地下水埋藏条件，初步判定水和土对建筑材料的腐蚀性。

（7）高层建筑初步勘察时，应对可能采取的地基基础类型、基坑开挖与支护、工程降水方案进行初步分析评价。

2. 初步勘察工作量布置原则

（1）勘探线应垂直地貌单元、地质构造和地层界线布置。

（2）每个地貌单元均应布置勘探点，在地貌单元交接部位和地层变化较大的地段，勘探点应予加密。

（3）在地形平坦地区，可按网格布置勘探点。

（4）岩质地基与岩体特征、地质构造、风化规律有关，且沉积岩与岩浆岩、变质岩，地槽区与地台区情况有很大差别，因此勘探线和勘探点的布置、勘探孔深度，应根据地质构造、岩体特性、风化情况等，按有关行业、地方标准或当地经验确定。

（5）对土质地基，勘探线、勘探点间距、勘探孔深度、取土试样和原位测试工作以及水文地质工作应符合下列要求，并应布设判明场地、地基稳定性、不良地质作用和桩基持力层所必需的勘探点和勘探深度。

（三）详细勘察

到了详勘阶段，建筑总平面布置已经确定，单体工程的主要任务是地基基础设计。因此，详细勘察应按单体建筑或建筑群提出详细的岩土工程资料和设计、施工所需的岩土参数；对建筑地基做出岩土工程评价，并对地基类型、基础形式、地基处理、基坑支护、工程降水和不良地质作用的防治等提出建议，符合施工图设计的要求。

1. 详细勘察的主要工作内容和任务

（1）收集附有建筑红线、建筑坐标、地形、±0.00m 高程的建筑总平面图，场区的地面整平标高，建（构）筑物的性质、规模、结构类型、特点、层数、总高度、荷载及荷载效应组合、地下室层数，预计的地基基础类型、平面尺寸、埋置深度、地基允许变形要求，勘察场地地震背景、周边环境条件及地下管线和其他地下设施情况及设计方案的技术要求等资料，目的是为了使勘察工作的布置和岩土工程的评价具有明确的工程针对性，解决工程设计和施工中的实际问题。所以，收集有关工程结构资料、了解设计要求是十分重要的工作。

（2）查明不良地质作用的类型、成因、分布范围、发展趋势和危害程度，提出整治方案和建议。

（3）查明建（构）筑物范围内岩土层的类别、深度、分布、工程特性，尤其应查明基础下软弱和坚硬地层分布，以及各岩土层的物理力学性质，分析和评价地基的稳定性、均匀性和承载力；对于岩质的地基和基坑工程，应查明岩石坚硬程度、岩体完整程度、基本质量等级和风化程度；论证采用天然地基基础形式的可行性，对持力层选择、基础埋深等提出建议。

（4）对需进行沉降计算的建（构）筑物，提供地基变形计算参数，预测建（构）筑物的变形特征。地基的承载力和稳定性是保证工程安全的前提，但工程经验表明，绝大多数与岩土工程有关的事故是变形问题，包括总沉降、差异沉降、倾斜和局部倾斜；变形控制是地基设计的主要原则，故应分析评价地基的均匀性，提供岩土变形参数，预测建（构）筑物的变形特性；勘察单位根据设计单位要求和业主委托，承担变形分析任务，向岩土工程设计延伸，是其发展的方向。

（5）查明埋藏的古河道、沟浜、墓穴、防空洞、孤石等对工程不利的埋藏物。

（6）查明地下水类型、埋藏条件、补给及排泄条件、腐蚀性、初见及稳定水位；提供季节变化幅度和各主要地层的渗透系数；判定水和土对建筑材料的腐蚀性。地下水的埋藏条件是地基基础设计和基坑设计施工十分重要的依据，详勘时应予查明。

（7）在季节性冻土地区，提供场地土的标准冻结深度。

（8）对抗震设防烈度等于或大于 6 度的地区，应划分场地类别，划分对抗震有利、不利或危险地段；对抗震设防烈度等于或大于 7 度的场地，应评价场地和地基的地震效应。

（9）当建（构）筑物采用桩基础时，应按桩基工程的有关要求进行。当需进行基坑开挖、支护和降水设计时，应按基坑工程的有关规定进行。

（10）工程需要时，详细勘察应论证地基土和地下水在建筑施工和使用期间可能产生的变化及其对工程和环境的影响，提出防治方案、防水设计水位和抗浮设计水位的建议，提供基坑开挖工程应采取的地下水控制措施，当采用降水控制措施时，应分析评价降水对周围环境的影响。

近年来，在城市中大量兴建地下停车场、地下商店等，这些工程的主要特点是"超补偿式基础"，开挖较深，挖土卸载量较大，而结构荷载很小。在地下水位较高的地区，防水和抗浮成了重要问题。高层建筑一般带多层地下室，需进行防水设计，在施工过程中有时也有抗浮问题。在这样的条件下，提供防水设计水位和抗浮设计水位成了关键。这是一个较为复杂的问题，有时需要进行专门论证。

2. 详细勘察工作的布置原则

详细勘察勘探点布置和勘探孔深度，应根据建（构）筑物特性和岩土工程条件确定，对岩质地基，与初勘的指导原则一致，应根据地质构造、岩体特性、风化情况等，结合建（构）筑物对地基的要求，按有关行业、地方标准或当地经验确定；对土质地基，勘探点布置、勘探点间距、勘探孔深度、取土试样和原位测试工作应符合下列要求。

（1）详细勘察的勘探点布置原则

①勘探点宜按建（构）筑物的周边线和角点布置，对无特殊要求的其他建（构）筑物可按建（构）筑物或建筑群的范围布置。

②同一建筑范围内的主要受力层或有影响的下卧层起伏较大时，应加密勘探点，查明其变化。建筑地基基础设计的原则是变形控制，将总沉降、差异沉降、局部倾斜、整体倾斜控制在允许的限度内。影响变形控制最重要的因素是地层在水平方向上的不均匀性，故地层起伏较大时应补充勘探点，尤其是古河道、埋藏的沟浜、基岩面的局部变化等。

③重大设备基础应单独布置勘探点；对重大的动力机器基础和高耸构筑物，勘探点不宜少于3个。

④宜采用钻探与触探相结合的原则，在复杂地质条件、湿陷性土、膨胀土、风化岩和残积土地区，宜布置适量探井。勘探方法应精心选择，不应单纯采用钻探。触探可以获取连续的定量数据，也是一种原位测试手段；井探可以直接观察岩土结构，避免单纯依据岩芯判断。因此，勘探手段包括钻探、井探、静力触探和动力触探等，应根据具体情况选择。为了发挥钻探和触探的各自特点，宜配合应用。以触探方法为主时，应有一定数量的钻探配合。对复杂地质条件和某些特殊性岩土，布置一定数量的探井是很必要的。

⑤高层建筑的荷载大，重心高，基础和上部结构的刚度大，对局部的差异沉降有较好的适应能力，而整体倾斜是主要控制因素，尤其是横向倾斜。为此，详细勘察的单栋高层建筑勘探点的布置，应满足高层建筑纵横方向对地层结构和地基均匀性的评价要求，需要时还应满足建筑场地整体稳定性分析的要求，满足高层建筑主楼与裙楼差异沉降分析的要求，查明持力层和下卧层的起伏情况。应根据高层建筑平面形状、

荷载的分布情况布设勘探点。高层建筑平面为矩形时应按双排布设；为不规则形状时，应在凸出部位的角点和凹进的阴角布设勘探点；在高层建筑层数、荷载和建筑体形变异较大位置处，应布设勘探点；对勘察等级为甲级的高层建筑应在中心点或电梯井、核心筒部位布设勘探点。

（2）详细勘察勘探点间距确定原则

在暗沟、塘、浜、湖泊沉积地带和冲沟地区，在岩性差异显著或基岩面起伏很大的基岩地区，在断裂破碎带、地裂缝等不良地质作用场地，勘探点间距宜取小值并可适当加密。

在浅层岩溶发育地区，宜采用物探与钻探相配合进行，采用浅层地震勘探和孔间地震 CT 或孔间电磁波 CT 测试，查明溶洞和土洞发育程度、范围和连通性。钻孔间距宜取小值或适当加密。溶洞、土洞密集时宜在每个柱基下布设勘探点。

（3）详细勘察勘探孔深度的确定原则

详细勘察的勘探深度自基础底面算起，应符合下列规定：

①勘探孔深度应能控制地基主要受力层，当基础底面宽度 b 不大于 5m 时，勘探孔的深度对条形基础不应小于基础底面宽度的 3 倍，对单独柱基不应小于 1.5 倍，且均不应小于 5m。

②控制性勘探孔是为变形计算服务的，对高层建筑和需作变形计算的地基，控制性勘探孔的深度应超过地基变形计算深度；高层建筑的一般性勘探孔应达到基底下 $0.5 \sim 1.0$ 倍的基础宽度，并深入稳定分布的地层。

由于高层建筑的基础埋深和宽度都很大，钻孔比较深，钻孔深度适当与否将极大地影响勘察质量、费用和周期。

确定变形计算深度有"应力比法"和"沉降比法"，对于勘察工作，由于缺乏荷载和模量等数据，用沉降比法确定孔深是无法实施的。过去的规范控制性勘探孔深度的确定办法是将孔深与基础宽度挂钩，虽然简便，但不全面。

现行的勘察规范采用应力比法。地基变形计算深度，对于中、低压缩性土可取附加压力等于上覆土层有效自重压力 20%的深度；对于高压缩性土层可取附加压力等于上覆土层有效自重压力 10%的深度。

（4）详细勘察取土试样和原位测试工作要求

①采取土试样和进行原位测试的勘探点数量，应根据地层结构、地基土的均匀性和工程特点确定，且不应少于勘探点总数的 1/2，钻探取土孔的数量不应少于勘探孔总数的 1/30 对地基基础设计等级为甲级的建（构）筑物每栋不应少于 3 个；勘察等级为甲级的单幢高层建筑不宜少于全部勘探点总数的 2/3，且不应少于 4 个。

原位测试是指静力触探、动力触探、旁压试验、扁铲侧胀试验和标准贯入试验等。考虑到软土地区取样困难，原位测试能较准确地反映土性指标，因此可将原位测试点作为取土测试勘探点。

②每个场地每一主要土层的原状土试样或原位测试数据不应少于 6 件（组）。由于土性指标的变异性，单个指标不能代表土的工程特性，必须通过统计分析确定其代

表值，故规定了原状土试样和原位测试的最少数量，以满足统计分析的需要。当场地较小时，可利用场地邻近的已有资料。对"较小"的理解可考虑为单幢一般多层建筑场地；"邻近"场地资料可认为紧靠的同一地质单元的资料，若必须有个量的概念，以距场地不大于 50m 的资料为好。

为了保证不扰动土试样和原位测试指标有一定数量，规范规定基础底面下 1.0 倍基础宽度内采样及试验点间距为 1 ~ 2m，以下根据土层变化情况适当加大距离，且在同一钻孔中或同一勘探点采取土试样和原位测试宜结合进行。

静力触探和动力触探是连续贯入，不能用次数来统计，应在单个勘探点内按层统计，再在场地（或工程地质分区）内按勘探点统计。每个场地不应少于 3 个孔。

③在地基主要受力层内，对厚度大于 0.5m 的夹层或透镜体，应采取土试样或进行原位测试。规范没有规定具体数量的要求，可根据工程的具体情况和地区的规定确定。南京市规定，土层厚度大于 1m 的稳定地层应满足规范的条款，厚度小于 1m 时原状土样不少于 4 件。

④地基载荷试验是确定地基承载力比较可靠的方法，对勘察等级为甲级的高层建筑或工程经验缺乏或研究程度较差的地区，宜布设载荷试验确定天然地基持力层承载力特征值和变形参数。

（四）施工勘察

对于施工勘察不作为一个固定阶段，应视工程的实际需要而定。当工程地质条件复杂或有特殊施工要求的重大工程地基，需要进行施工勘察。施工勘察包括施工阶段的勘察和竣工后一些必要的勘察工作（如检验地基加固效果等），因此，施工勘察并不是专指施工阶段的勘察。

当遇下列情况之于时，应配合设计、施工单位进行施工勘察：

（1）基坑或基槽开挖后，岩土条件与勘察资料不符或发现必须查明的异常情况时，应进行施工勘察。

（2）在地基处理及深基开挖施工中，宜进行检验和监测工作。

（3）地基中溶洞或土洞较发育，应查明并提出处理建议。

（4）施工中出现边坡失稳危险时应查明原因，进行监测并提出处理建议。

第二节　桩基工程

桩基础又称桩基，它是一种常用而古老的深基础形式。桩基础可以将上部结构的荷载相对集中地传递到深处合适的坚硬地层中去，以保证上部结构对地基稳定性和沉降量的要求。由于桩基础具有承载力高、稳定性好、沉降稳定快和沉降变形小、抗震能力强以及能够适应各种复杂地质条件等特点，在工程中得到广泛应用。

桩基按照承载性状可分为摩擦型桩（摩擦桩和端承摩擦桩）和端承型桩（端承桩

和摩擦端承桩）两类；按成桩方法分为非挤土桩、部分挤土桩和挤土桩三类；按桩径大小可分为小直径桩、中等直径桩和大直径桩。

一、主要工作内容

（1）查明场地各层岩土的类型、深度、分布、工程特性和变化规律。

（2）当采用基岩作为桩的持力层时，应查明基岩的岩性、构造、岩面变化、风化程度，包括产状、断裂、裂隙发育程度以及破碎带宽度和充填物等，除通过钻探、井探手段外，还可根据具体情况辅以地表露头的调查测绘和物探等方法。确定其坚硬程度、完整程度和基本质量等级，这对于选择基岩为桩基持力层时是非常必要的；判定有无洞穴、临空面、破碎岩体或软弱岩层，这对桩的稳定是非常重要的。

（3）查明水文地质条件，评价地下水对桩基设计和施工的影响，判定水质对建筑材料的腐蚀性。

（4）查明不良地质作用、可液化土层和特殊性岩土的分布及其对桩基的危害程度，并提出防治措施的建议。

（5）对桩基类型、适宜性、持力层选择提出建议；提供可选的桩基类型和桩端持力层；提出桩长、桩径方案的建议；提供桩的极限侧阻力、极限端阻力和变形计算的有关参数；对成桩可行性、施工时对环境的影响及桩基施工条件、应注意的问题等进行论证评价并提出建议。

桩的施工对周围环境的影响，包括打入预制桩和挤土成孔的灌注桩的振动、挤土对周围既有建筑物、道路、地下管线设施和附近精密仪器设备基础等带来的危害以及噪声等公害。

二、勘探点布置要求

（一）端承型桩

（1）勘探点应按柱列线布设，其间距应能控制桩端持力层层面和厚度的变化，宜为 12～24m。

（2）在勘探过程中发现基岩中有断层破碎带，或桩端持力层为软、硬互层，或相邻勘探点所揭露桩端持力层层面坡度超过 10%，且单向倾伏时，钻孔应适当加密。

（3）荷载较大或复杂地基的一柱一桩工程，应每柱设置勘探点；复杂地基是指端承型桩端持力层岩土种类多、很不均匀、性质变化大的地基，且一柱一桩，往往采用大口径桩，荷载很大，一旦出现差错或事故，将影响大局，难以弥补和处理，结构设计上要求更严。实际工程中，每个桩位都需有可靠的地质资料，故规定按柱位布孔。

（4）岩溶发育场地，溶沟、溶槽、溶洞很发育，显然属复杂场地，此时若以基岩作为桩端持力层，应按柱位布孔。但单纯钻探工作往往还难以查明其发育程度和发育规律，故应辅以有效地球物理勘探方法。近年来地球物理勘探技术发展很快，有效的方法有电法、地震法（浅层折射法或浅层反射法）及钻孔电磁波透视法等。查明溶洞和土洞范围和连通性。查明拟建场地范围及有影响地段的各种岩溶洞隙和土洞的发育程度、位置、规模、埋深、连通性、岩溶堆填物性状和地下水特征。连通性系指土洞与溶洞的连通性、溶洞本身的连通性和岩溶水的连通性。

（5）控制性勘探点不应少于勘探点总数的 1/3。

（二）摩擦型桩

（1）勘探点应按建筑物周边或柱列线布设，其间距宜为 20～35m。当相邻勘探点揭露的主要桩端持力层或软弱下卧层层位变化较大，影响到桩基方案选择时，应适当加密勘探点。带有裙房或外扩地下室的高层建筑，布设勘探点时应与主楼一同考虑。

（2）桩基工程勘探点数量应视工程规模而定，勘察等级为甲级的单幢高层建筑勘探点数量不宜少于 5 个，乙级不宜少于 4 个，对于宽度大于 35m 的高层建筑，其中心应布置勘探点。

（3）控制性的勘探点应占勘探点总数的 1/3～1/2。

三、桩基岩土工程勘察勘探方法要求

对于桩基勘察不能采用单一的钻探取样手段，桩基设计和施工所需的某些参数单靠钻探取土是无法取得的，而原位测试有其独特之处。我国幅员广阔，各地区地质条件不同，难以统一规定原位测试手段。因此，应根据地区经验和地质条件选择合适的原位测试手段与钻探配合进行，对软土、黏性土、粉土和砂土的测试手段，宜采用静力触探和标准贯入试验；对碎石土宜采用重型或超重型圆锥动力触探。

四、勘探孔深度的确定原则

设计对勘探深度的要求，既要满足选择持力层的需要，又要满足计算基础沉降的需要。因此，对勘探孔有控制性孔和一般性孔（包括钻探取土孔和原位测试孔）之分，宜布置 1/3～1/2 的勘探孔为控制性孔。对于设计等级为甲级的建筑桩基，至少应布置 3 个控制性孔；设计等级为乙级的建筑桩基，至少应布置 2 个控制性孔。

（一）一般原则

（1）一般性勘探孔的深度应达到预计桩长以下 $3d～5d$（d 为桩径），且不得小于 3m；对于大直径桩不得小于 5m。

（2）控制性勘探孔深度应满足下卧层验算要求；对于需验算沉降的桩基，应超过地基变形计算深度。

（3）钻至预计深度遇软弱层时，应予加深；在预计深度内遇稳定坚实岩土时，可适当减少。

（4）对嵌岩桩，控制性钻孔应深入预计桩端平面以下不小于 3～5 倍桩身设计直径，一般性钻孔应深入预计桩端平面以下不小于 1～3 倍桩身设计直径。当持力层较薄时，应有部分钻孔钻穿持力岩层。在岩溶、断层破碎带地区，应查明溶洞、溶沟、溶槽、石笋等的分布情况，钻孔应钻穿溶洞或断层破碎带进入稳定地层，进入深度应满足上述控制性钻孔和一般性钻孔的要求。

（5）对可能有多种桩长方案时，应根据最长桩方案确定。

（二）高层建筑的端承型桩

对于高层建筑的端承型桩，勘探孔的深度应符合下列规定：

（1）当以可压缩地层（包括全风化和强风化岩）作为桩端持力层时，勘探孔深度应能满足沉降计算的要求，控制性勘探孔的深度应深入预计桩端持力层以下 $5 \sim 10$m 或 $6d / \sim 10d$（d 为桩身直径或方桩的换算直径，直径大的桩取小值，直径小的桩取大值），一般性勘探孔的深度应达到预计桩端下 $3 \sim 5$m 或 $3d \sim 5d$。

作为桩端持力层的可压缩地层，包括硬塑、坚硬状态的黏性土，中密、密实的砂土和碎石土，还包括全风化和强风化岩。对这些岩土桩端全断面进入持力层的深度不宜小于：黏性土、粉土为 $2d$（d 为桩径），砂土为 $1.5d$，碎石土为 $1d$；当存在软弱下卧层时，桩基以下硬持力层厚度不宜小于 $4d$；当硬持力层较厚且施工条件允许时，桩端全断面进入持力层的深度宜达到桩端阻力的临界深度，临界深度的经验值：砂与碎石土为 $3d \sim 10d$，粉土、黏性土为 $2d \sim 6d$，愈密实、愈坚硬临界深度愈大，反之愈小。因而，勘探孔进入持力层深度的原则是：应超过预计桩端全断面进入持力层的一定深度，当持力层较厚时，宜达到临界深度。为此，控制性勘探孔应深入预计桩端下 $5 \sim 10$m 或 $6d \sim 10d$，一般性勘探孔应达到预计桩端下 $3 \sim 5$m 或 $3d \sim 5d$。

（2）对一般岩质地基的嵌岩桩，勘探孔深度应钻入预计嵌岩面以下 $1d \sim 3d$，对控制性勘探孔应钻入预计嵌岩面以下 $3d \sim 5d$，对质量等级为Ⅲ级以上的岩体，可适当放宽。

嵌岩桩是指嵌入中等风化或微风化岩石的钢筋混凝土灌注桩，且系大直径桩，这种桩型一般不需考虑沉降问题，尤其是以微风化岩作为持力层，往往是以桩身强度控制单桩承载力。嵌岩桩的勘探深度与岩石成因类型和岩性有关。一般岩质地基系指岩浆岩、正变质岩及厚层状的沉积岩，这些岩体多系整体状结构和块状结构，岩石风化带明确，层位稳定，进入微风化带一定深度后，其下一般不会再出现软弱夹层，故规定一般性勘探孔进入预计嵌岩面以下 $1d \sim 3d$，控制性勘探孔进入预计嵌岩面以下 $3d \sim 5d$。

（3）对花岗岩地区的嵌岩桩，一般性勘探孔深度应进入微风化岩 $3 \sim 5$m，控制性勘探孔应进入微风化岩 $5 \sim 8$m。

花岗岩地区，在残积土和全、强风化带中常出现球状风化体，直径一般为 $1 \sim 3$m，最大可达 5m，岩性呈微风化状，钻探过程中容易造成误判，为此特予强调，一般性和控制性勘探孔均要求进入微风化一定深度，目的是杜绝误判。

（4）对于岩溶、断层破碎带地区，勘探孔应穿过溶洞或断层破碎带进入稳定地层，进入深度应满足 $3d$，并不小于 5m。

（5）具多韵律薄层状的沉积岩或变质岩，当基岩中强风化、中等风化、微风化岩层呈互层出现时，对拟以微风化岩作为持力层的嵌岩桩，勘探孔进入微风化岩深度不应小于 5m。

在具多韵律薄层状沉积岩或变质岩地区，常有强风化、中等风化、微风化岩层呈互层或重复出现的情况，此时若要以微风化岩层作为嵌岩桩的持力层，必须保证微风化岩层具有足够厚度，为此规定，勘探孔应进入微风化岩厚度不小于 5m 方能终孔。

（三）高层建筑的摩擦型桩

对于高层建筑的摩擦型桩，勘探孔的深度应符合下列规定：

（1）一般性勘探孔的深度应进入预计桩端持力层或预计最大桩端入土深度以下不小于 3m。

（2）控制性勘探孔的深度应达群桩桩基（假想的实体基础）沉降计算深度以下 1～2m，群桩桩基沉降计算深度宜取桩端平面以下附加应力为上覆土有效自重压力 20% 的深度，或按桩端平面以下 b（b 为假想实体基础宽度）的深度考虑。

摩擦型桩虽然以侧阻力为主，但在勘察时，还是应寻求相对较坚硬、较密实的地层作为桩端持力层，故规定一般性勘探孔的深度应进入预计桩端持力层或最大桩端入土深度以下不小于 3m，此 3m 值是按以可压缩地层作为桩端持力层和中等直径桩考虑确定的；对高层建筑采用的摩擦型桩，多为筏基或箱基下的群桩，此类桩筏或桩箱基础除考虑承载力满足要求外，还要验算沉降，为满足验算沉降需要，提出了控制性勘探孔深度的要求。

五、岩（土）试样采取、原位测试工作及岩土室内试验要求

（一）试样采取及原位测试工作要求

桩基勘察的岩（土）试样采取及原位测试工作应符合下列规定：

（1）对桩基勘探深度范围内的每一主要土层，应采取土试样，并根据土质情况选择适当的原位测试，取土数量或测试次数不应少于 6 组（次）。

（2）对嵌岩桩桩端持力层段岩层，应采取不少于 6 组的岩样进行天然和饱和单轴极限抗压强度试验。

（3）以不同风化带作桩端持力层的桩基工程，勘察等级为甲级的高层建筑勘察时控制性钻孔宜进行压缩波波速测试，按完整性指数或波速比定量划分岩体完整程度和风化程度。

以基岩作桩端持力层时，桩端阻力特征值取决于岩石的坚硬程度、岩体的完整程度和岩石的风化程度。岩体的完整程度定量指标为岩体完整性指数，它为岩体与岩块压缩波速度比值的平方；岩石风化程度的定量指标为波速比，它为风化岩石与新鲜岩石压缩波波速之比。因此在勘察等级为甲级的高层建筑勘察时宜进行岩体的压缩波波速测试，按完整性指数判定岩体的完整程度，按波速比判定岩石风化程度，这对决定桩端阻力和桩侧阻力的大小有关键性的作用。

（二）室内试验工作要求

桩基勘察的岩（土）室内试验工作应符合下列规定：

（1）当需估算桩的侧阻力、端阻力和验算下卧层强度时，宜进行三轴剪切试验或无侧限抗压强度试验；三轴剪切试验的受力条件应模拟工程的实际情况。

（2）对需估算沉降的桩基工程，应进行压缩试验，试验最大压力应大于上覆自重压力与附加压力之和。

（3）基岩作为桩基持力层时，应进行风干状态和饱和状态下的极限抗压强度试验，必要时尚应进行软化试验；对软岩和极软岩，风干和浸水均可使岩样破坏，无法试验，因此，应封样保持天然湿度以便做天然湿度的极限抗压强度试验。性质接近土时，按土工试验要求。破碎和极破碎的岩石无法取样，只能进行原位测试。

六、岩土工程分析评价

（一）单桩承载力确定和沉降验算

单桩竖向和水平承载力，应根据工程等级、岩土性质和原位测试成果并结合当地经验确定。对地基基础设计等级为甲级的建（构）筑物和缺乏经验的地区，建议做静载荷试验。试验数量不宜少于工程桩数的 1%，且每个场地不少于 3 个。对承受较大水平荷载的桩，建议进行桩的水平载荷试验；对承受上拔力的桩，建议进行抗拔试验。勘察报告应提出估算的有关岩土的基桩侧阻力和端阻力，必要时提出估算的竖向和水平承载力和抗拔承载力。

从全国范围来看，单桩极限承载力的确定较可靠的方法仍为桩的静载荷试验。虽然各地、各单位有经验方法估算单桩极限承载力，如用静力触探指标估算等方法，也都是与载荷试验建立相应关系后采用。根据经验确定桩的承载力一般比实际偏低较多，从而影响了桩基技术和经济效益的发挥，造成浪费。但也有不安全、不可靠的，以致发生工程事故，故规范强调以静载荷试验为主要手段。

对需要进行沉降计算的桩基工程，应提供计算所需的各层岩土的变形参数，并宜根据任务要求进行沉降估算。

沉降计算参数和指标可以通过压缩试验或深层载荷试验取得，对于难以采取原状土和难以进行深层载荷试验的情况，可采用静力触探试验、标准贯入试验、重型动力触探试验、旁压试验、波速测试等综合评价，求得计算参数。

（二）桩端持力层选择和沉桩分析

一般情况下应选择具有一定厚度、承载力高、压缩性较低、分布均匀、稳定的坚实土层或岩层作为持力层。报告中应按不同的地质剖面提出桩端标高建议，阐明持力层厚度变化、物理力学性质和均匀程度。

沉桩的可能性除与锤击能量有关外，还受桩身材料强度、地层特性、桩群密集程度、群桩的施工顺序等多种因素制约，尤其是地质条件的影响最大，故必须在掌握准确可靠的地质资料特别是原位测试资料的基础上，提出对沉桩可能性的分析意见。必要时，可通过试桩进行分析。

对钢筋混凝土预制桩、挤土成孔的灌注桩等的挤土效应，打桩产生振动以及泥浆污染，特别是在饱和软黏土中沉入大量、密集的挤土桩时，将会产生很高的超孔隙水压力和挤土效应，从而对周围已成的桩和已有建筑物、地下管线等产生危害。灌注桩施工中的泥浆排放产生的污染，挖孔桩排水造成地下水位下降和地面沉降，对周围环境都可产生不同程度的影响，应予分析和评价。

第三节 基坑工程

目前基坑工程的勘察很少单独进行，大多数是与地基勘察一并完成的。但是由于有些勘察人员对基坑工程的特点和要求不很了解，提供的勘察成果不一定能满足基坑支护设计的要求。例如，对采用桩基的建筑地基勘察往往对持力层、下卧层研究较仔细，而忽略浅部土层的划分和取样试验；侧重于针对地基的承载性能提供土质参数，而忽略支护设计所需要的参数；只在划定的轮廓线以内进行勘探工作，而忽略对周边的调查了解等。因深基坑开挖属于施工阶段的工作，一般设计人员提供的勘察任务委托书可能不会涉及这方面的内容。因此勘察部门应根据基坑的开挖深度、岩土和地下水条件以及周边环境等参照本节的内容进行认真仔细的工作。

岩质基坑的勘察要求和土质基坑有较大差别，到目前为止，我国基坑工程的经验主要在土质基坑方面，岩质基坑的经验较少。

一、基坑侧壁的安全等级

根据支护结构的极限状态分为承载能力极限状态和正常使用极限状态。承载能力极限状态对应于支护结构达到最大承载能力或土体失稳、过大变形导致支护结构或基坑周边环境破坏，表现为由任何原因引起的基坑侧壁破坏。正常使用极限状态对应于支护结构的变形已妨碍地下结构施工或影响基坑周边环境的正常使用功能，主要表现为支护结构的变形而影响地下室侧墙施工及周边环境的正常使用。承载能力极限状态应对支护结构承载能力及基坑土体出现的可能破坏进行计算，正常使用极限状态的计算主要是对结构及土体的变形计算。

基坑侧壁安全等级的划分与重要性系数是对支护设计、施工的重要性认识及计算参数的定量选择的依据。侧壁安全等级划分是一个难度很大的问题，很难定量说明，结构安全等级确定的原则，以支护结构破坏后果严重程度（很严重、严重及不严重）三种情况将支护结构划分为三个安全等级，其重要性系数的选用，详见表6-1。

表 6-1　基坑侧壁安全等级及重要性系数

安全等级	破坏后果	γ_0
一级	支护结构破坏、土体过大变形对基坑周边环境或主体结构施工影响很严重	1.10
二级	支护结构破坏、土体过大变形对基坑周边环境或主体结构施工影响严重	1.00
三级	支护结构破坏、土体过大变形对基坑周边环境或主体结构施工影响不严重	0.90

对支护结构安全等级采用原则性划分方法而未采用定量划分方法，是考虑到基坑深度、周边建筑物距离及埋深、结构及基础形式、土的性状等因素对破坏后果的影响程度难以用统一标准界定，不能保证普遍适用，定量化的方法对具体工程可能会出现不合理的情况。

在支护结构设计时应根据基坑侧壁不同条件因地制宜进行安全等级确定。应掌握的原则是：基坑周边存在受影响的重要既有住宅、公共建筑、道路或地下管线时，或因场地的地质条件复杂、缺少同类地质条件下相近基坑深度的经验时，支护结构破坏、基坑失稳或过大变形对人的生命、经济、社会或环境影响很大，安全等级应定为一级。当支护结构破坏、基坑过大变形不会危及人的生命、经济损失轻微、对社会或环境影响不大时，安全等级可定为三级。对大多数基坑应该定为二级。

支护结构设计应考虑其结构水平变形、地下水的变化对周边环境的水平与竖向变形的影响，对于安全等级为一级和对周边环境变形有限定要求的二级建筑基坑侧壁，应根据周边环境的重要性、对变形的适应能力及土的性质等因素确定支护结构的水平变形限值。在正常使用极限状态条件下，安全等级为一、二级的基坑变形影响基坑支护结构的正常功能，目前支护结构的水平限值还不能给出全国都适用的具体数值，各地区可根据具体工程的周边环境等因素确定。对于周边建筑物及管线的竖向变形限值可根据有关规范确定。

二、基坑支护结构类型

目前采用的支护措施和边坡处理方式多种多样，归纳起来不外乎三大类。由于各地地质情况不同，勘察人员提供建议时应充分了解工程所在地区工程经验和习惯，对已有的工程进行调查。综合考虑基坑深度、土的性状及地下水条件、基坑周边环境对基坑变形的承受能力及支护结构失效的后果、主体地下结构和基础形式及其施工方法、基坑平面尺寸和形状、支护结构施工工艺的可行性、施工场地条件和施工季节以及经济指标、环保性能和施工工期等因素，选用一种或多种组合形式的基坑支护结构。

三、勘察要求

（一）主要工作内容

基坑工程勘察主要是为深基坑支护结构设计和基坑安全稳定开挖施工提供地质依据。因此，需进行基坑设计的工程，应与地基勘察同步进行基坑工程勘察。但基坑支护设计和施工对岩土工程勘察的要求有别于主体建筑的要求，勘察的重点部位是基坑外对支护结构和周边环境有影响的范围，而主体建筑的勘察孔通常只需布置在基坑范围以内。

初步勘察阶段应根据岩土工程条件，收集工程地质和水文地质资料，并进行工程地质调查，必要时可进行少量的补充勘察和室内试验，初步查明场地环境情况和工程地质条件，预测基坑工程中可能产生的主要岩土工程问题；详细勘察阶段应针对基坑工程设计的要求进行勘察，在详细查明场地工程地质条件基础上，判断基坑的整体稳定性，预测可能的破坏模式，为基坑工程的设计、施工提供基础资料，对基坑工程等级、支护方案提出建议；在施工阶段，必要时尚应进行补充勘察。勘察的具体内容包括：

（1）查明与基坑开挖有关的场地条件、土质条件和工程条件。

（2）查明邻近建筑物和地下设施的现状、结构特点以及对开挖变形的承受能力。

（3）提出处理方式、计算参数和支护结构选型的建议。

（4）提出地下水控制方法、计算参数和施工控制的建议。

（5）提出施工方法和施工中可能遇到问题的防治措施的建议。

（6）提出施工阶段的环境保护和监测工作的建议。

（二）勘探的范围、勘探点的深度和间距的要求

勘探范围应根据基坑开挖深度及场地的岩土工程条件确定，基坑外宜布置勘探点。

1. 勘探的范围和间距的要求

勘察的平面范围宜超出开挖边界外开挖深度的 2～3 倍。在深厚软土区，勘察深度和范围尚应适当扩大。考虑到在平面扩大勘察范围可能会遇到困难（超越地界、周边环境条件制约等），因此在开挖边界外，勘察手段以调查研究、收集已有资料为主，由于稳定性分析的需要，或布置锚杆的需要，必须有实测地质剖面，故应适量布置勘探点。勘探点的范围不宜小于开挖边界外基坑开挖深度的 1 倍。当需要采用锚杆时，基坑外勘察点的范围不宜小于基坑深度的 2 倍，主要是满足整体稳定性计算所需范围，当周边有建筑物时，也可从旧建筑物的勘察资料上查取。

勘探点应沿基坑周边布置，其间距应视地层条件而定，宜取 15～25m；当场地存在软弱土层、暗沟或岩溶等复杂地质条件时，应加密勘探点并查明分布和工程特性。

2. 勘探点深度的要求

由于支护结构主要承受水平力，因此，勘探点的深度以满足支护结构设计要求深度为宜，对于软土地区，支护结构一般需穿过软土层进入相对硬层。勘探孔的深度不宜小于基坑深度的 2 倍，一般宜为开挖深度的 2～3 倍。在此深度内遇到坚硬黏性土、碎石土和岩层，可根据岩土类别和支护设计要求减少深度。基坑面以下存在软弱土层或承压含水层时，勘探孔深度应穿过软弱土层或承压含水层。为降水或截水设计需要，控制性勘探孔应穿透主要含水层进入隔水层一定深度；在基坑深度内，遇微风化基岩时，一般性勘探孔应钻入微风化岩层 1～3m，控制性勘探孔应超过基坑深度 1～3m；控制性勘探点宜为勘探点总数的 1/3，且每一基坑侧边不宜少于 2 个控制性勘探点。

基坑勘察深度范围为基坑深度的 2 倍，大致相当于在一般土质条件下悬臂桩墙的嵌入深度。在土质特别软弱时可能需要更大的深度。但由于一般地基勘察的深度比这更大，所以对结合建筑物勘探所进行的基坑勘探，勘探深度满足要求一般不会有问题。

（三）岩土工程测试参数要求

在受基坑开挖影响和可能设置支护结构的范围内，应查明岩土分布，分层提供支护设计所需的岩土参数，具体包括：

（1）岩土不扰动试样的采取和原位测试的数量，应保证每一主要岩土层有代表性的数据分别不少于 6 组（个），室内试验的主要项目是含水量、重度、抗剪强度和渗透系数；土的常规物理试验指标中含水量及土体重度是分析计算所需的主要参数。

（2）土的抗剪强度指标：抗剪强度是支护设计最重要的参数，但不同的试验方法可能得出不同的结果。勘察时应按照设计所依据的规范、标准的要求进行试验，分层提供设计所需的抗剪强度指标，土的抗剪强度试验方法应与基坑工程设计要求一致，符合设计采用的标准，并应在勘察报告中说明。

（3）室内或原位试验测试土的渗透系数，渗透系数 k 是降水设计的基本指标。

（4）特殊条件下应根据实际情况选择其他适宜的试验方法测试设计所需参数。对一般黏性土宜进行静力触探和标准贯入试验；对砂土和碎石土宜进行标准贯入试验和圆锥动力触探试验；对软土宜进行十字板剪切试验；当设计需要时可进行基床系数试验或旁压试验、扁铲侧胀试验。

（四）水文地质条件勘察的要求

深基坑工程的水文地质勘察工作不同于供水水文地质勘察工作，其目的应包括两个方面：一是满足降水设计（包括降水井的布置和井管设计）需要，二是满足对环境影响评估的需要。前者按通常供水水文地质勘察工作的方法即可满足要求，后者因涉及问题很多，要求更高。降水对环境影响评估需要对基坑外围的渗流进行分析，研究流场优化的各种措施，考虑降水延续时间长短的影响。因此，要求勘察对整个地层的水文地质特征作更详细的了解。

当场地水文地质条件复杂、在基坑开挖过程中需要对地下水进行控制且已有资料不能满足要求时，应进行专门的水文地质勘察。应达到以下要求：

（1）查明开挖范围及邻近场地地下水含水层和隔水层的层位、埋深、厚度和分布情况，判断地下水类型、补给和排泄条件；有承压水时，应分层量测其水头高度。

当含水层为卵石层或含卵石颗粒的砂层时，应详细描述卵石的颗粒组成、粒径大小和黏性土含量。这是因为卵石粒径的大小，对设计施工时选择截水方案和选用机具设备有密切的关系，例如，当卵石粒径大、含量多，采用深层搅拌桩形成帷幕截水会有很大困难，甚至不可能。

（2）当基坑需要降水时，宜采用抽水试验测定场地各含水层的渗透系数和渗透影响半径；勘察报告中应提出各含水层的渗透系数。

当附近有地表水体时，宜在其间布设一定数量的勘探孔或观测孔；当场地水文地质资料缺乏或在岩溶发育地区，必要时宜进行单孔或群孔分层抽水试验，测渗透系数、影响半径、单井涌水量等水文地质参数。

（3）分析施工过程中水位变化对支护结构和基坑周边环境的影响，提出应采取的措施。

（4）当基坑。开挖可能产生流沙、流土、管涌等渗透性破坏时，应有针对性地进行勘察，分析评价其产生的可能性及对工程的影响。当基坑开挖过程中有渗流时，地下水的渗流作用宜通过渗流计算确定。

（五）基坑周边环境勘察要求

周边环境是基坑工程勘察、设计、施工中必须首先考虑的问题，环境保护是深基坑工程的重要任务之一，在建筑物密集、交通流量大的城区尤其突出，在进行这些工作时应有"先人后己"的概念。由于对周边建（构）筑物和地下管线情况缺乏准确了解或忽视，就盲目开挖造成损失的事例很多，有的后果十分严重。所以基坑工程勘察应进行环境状况调查，设计、施工才能有针对性地采取有效保护措施。基坑周边环境勘察有别于一般的岩土勘察，调查对象是基坑支护施工或基坑开挖可能引起基坑之外产生破坏或失去平衡的物体，是支护结构设计的重要依据之一。周边环境的复杂程度是决定基坑工程安全等级、支护结构方案选型等最重要的因素之一，勘察最后的结论和建议亦必须充分考虑对周边环境影响。

勘察时，委托方应提供周边环境的资料，当不能取得时，勘察人员应通过委托方主动向有关单位收集有关资料，必要时，业主应专项委托勘察单位采用开挖、物探、专用仪器等进行探测。对地面建筑物可通过观察访问和查阅档案资料进行了解，查明邻近建筑物和地下设施的现状、结构特点以及对开挖变形的承受能力。在城市地下管网密集分布区，可通过地面标志、档案资料进行了解。有的城市建立有地理信息系统，能提供更详细的资料，了解管线的类别、平面位置、埋深和规模。如确实收集不到资料，必要时应采用开挖、物探、专用仪器或其他有效方法进行地下管线探测。

基坑周边环境勘察应包括以下具体内容：

（1）影响范围内既有建筑物的结构类型、层数、位置、基础形式和尺寸、埋深、基础荷载大小及上部结构现状、使用年限、用途。

（2）基坑周边的各种既有地下管线（包括上、下水、电缆、煤气、污水、雨水、热力等）、地下构筑物的类型、位置、尺寸、埋深等；对既有供水、污水、雨水等地下输水管线，尚应包括其使用状况和渗漏状况。

（3）道路的类型、位置、宽度、道路行驶情况、最大车辆荷载等。

（4）基坑开挖与支护结构使用期内施工材料、施工设备等临时荷载的要求。

（5）雨期时的场地周围地表水汇流和排泄条件。

（六）特殊性岩土的勘察要求

在特殊性岩土分布区进行基坑工程勘察时，可根据相关规范的规定进行勘察，对软土的蠕变和长期强度、软岩和极软岩的失水崩解、膨胀土的膨胀性和裂隙性以及非饱和土增湿软化等对基坑的影响进行分析评价。

四、基坑岩土工程评价要求

基坑工程勘察，应根据开挖深度、岩土和地下水条件以及环境要求，对基坑边坡的处理方式提出建议。

基坑工程勘察应针对深基坑支护设计的工作内容进行分析，作为岩土工程勘察，应在岩土工程评价方面有一定的深度。只有通过比较全面的分析评价，提供有关计算参数，才能使支护方案选择的建议更为确切，更有依据。深基坑支护设计的具体的工作内容包括：

（1）边坡的局部稳定性、整体稳定性和坑底抗隆起稳定性。

（2）坑底和侧壁的渗透稳定性。

（3）挡土结构和边坡可能发生的变形。

（4）降水效果和降水对环境的影响。

（5）开挖和降水对邻近建筑物和地下设施的影响。

地下水的妥当处理是支护结构设计成功的基本条件，也是侧向荷载计算的重要指标，是基坑支护结构能否按设计完成预定功能的重要因素之一，因此，应认真查明地下水的性质，并对地下水可能影响周边环境提出相应的治理措施供设计人员参考。在基坑及地下结构施工过程中应采取有效的地下水控制方法。当场地内有地下水时，应根据场地及周边区域的工程地质条件、水文地质条件、周边环境情况和支护结构与基础形式等因素，确定地下水控制方法。当场地周围有地表水汇流、排泄或地下水管渗漏时，应对基坑采取保护措施。

降水消耗水资源。我国是水资源贫乏的国家，应尽量避免降水，保护水资源。降水对环境会有或大或小的影响，对环境影响的评价目前还没有成熟的得到公认的方法。一些规范、规程、规定上所列的方法是根据水头下降在土层中引起的有效应力增量和各土层的压缩模量分层计算地面沉降，这种粗略方法计算结果并不可靠。

第四节 建筑边坡工程

建筑边坡是指在建（构）筑物场地或其周边，由于建（构）筑物和市政工程开挖或填筑施工所形成的人工边坡和对建（构）筑物安全或稳定有影响的自然边坡。

一、建筑边坡类型

根据边坡的岩土成分，可分为岩质边坡和土质边坡。土与岩石不仅在力学参数值上存在很大的差异，其破坏模式、设计及计算方法等也有很大的差别。土质边坡的主要控制因素是土的强度，岩质边坡的主要控制因素一般是岩体的结构面。无论何种边坡，地下水的活动都是影响边坡稳定的重要因素。进行边坡工程勘察时，应根据具体情况有所侧重。

二、岩质边坡破坏形式和边坡岩体分类

（一）岩质边坡破坏形式

岩质边坡破坏形式的确定是边坡支护设计的基础。众所周知，不同的破坏形式应采用不同的支护设计。岩质边坡的破坏形式宏观地可分为滑移型和崩塌型两大类。实际上这两类破坏形式是难以截然划分的，故支护设计中不能生搬硬套，而应根据实际情况进行设计。

（二）边坡岩体分类

边坡岩体分类是边坡工程勘察中非常重要的内容，是支护设计的基础。确定岩质边坡的岩体类型应考虑主要结构面与坡向的关系、结构面的倾角大小、结合程度、岩体完整程度等因素。本分类主要是从岩体力学观点出发，强调结构面对边坡稳定的控制作用，对边坡岩体进行侧重稳定性的分类。建筑边坡高度一般不大于50m，在50m高的岩体自重作用下是不可能将中、微风化的软岩、较软岩、较硬岩及硬岩剪断的。

（三）边坡工程安全等级

边坡工程应按其破坏后可能造成的破坏后果（危及人的生命、造成经济损失、产生社会不良影响）的严重性、边坡类型和坡高等因素，根据表6-2确定安全等级。

表6-2　边坡工程安全等级

边坡类型		边坡高度 H/m	破坏后果	安全等级
岩质边坡	岩体类型为Ⅰ类或Ⅱ类	H≤30	很严重	一级
			严重	二级
			不严重	三级
	岩体类型为Ⅲ类或Ⅳ类	15<H≤30	很严重	一级
			严重	二级
		H≤15	很严重	一级
			严重	二级
			不严重	三级
土质边坡		10<H≤15	很严重	一级
			严重	二级
		H≤10	很严重	一级
			严重	二级
			不严重	三级

边坡工程安全等级是支护工程设计、施工中根据不同的地质环境条件及工程具体情况加以区别对待的重要标准。

从边坡工程事故原因分析看，高度大、稳定性差的边坡（土质软弱、滑坡区、外倾软弱结构面发育的边坡等）发生事故的概率较高，破坏后果也较严重，因此将稳定

性很差的、坡高较大的边坡均划入一级边坡。

破坏后果很严重、严重的下列建筑边坡工程，其安全等级应定为一级：

（1）由外倾软弱结构面控制的边坡工程。

（2）危岩、滑坡地段的边坡工程。

（3）边坡塌滑区内或边坡塌方影响区内有重要建（构）筑物的边坡工程。

（四）边坡支护结构形式

边坡支护结构形式可根据场地地质和环境条件、边坡高度、边坡重要性以及边坡工程安全等级、施工可行性及经济性等因素，参照表 6-3 选择合理的支护设计方案。

表 6-3　边坡支护结构常用形式

结构类型 条件	边坡环境	边坡高度 H/m	边坡工程 安全等级	说 明
重力式挡墙	场地允许，坡顶无重要建（构）筑物	土坡 H≤10 岩坡 H≤12	一、二、三级	不利于控制边坡变形。土方开挖后边坡稳定较差时不应采用
悬臂式挡墙、扶壁式挡墙	填方区	悬臂式挡墙 H≤6 扶壁式挡墙 H≤10	一、二、三级	适用于土质边坡
板肋式或格构式锚杆挡墙		土坡 H≤15 岩坡 H≤30	一、二、三级	坡高较大或稳定性较差时宜采用逆作法施工。对挡墙变形有较高要求的边坡，宜采用预应力锚杆
排桩式锚杆挡墙	坡顶建（构）筑物需要保护，场地狭窄	土坡 H≤15 岩坡 H≤30	一、二、三级	有利于对边坡变形控制。适用于稳定性较差的土质边坡、有外倾软弱结构面的岩质边坡、垂直开挖施工尚不能保证稳定的边坡
岩石锚喷支护			一、二、三级	适用于岩质边坡
			二、三级	
			二、三级	
坡率法	坡顶无重要建（构）筑物，场地有放坡条件	土坡 H≤10 岩坡 H≤25	一、二、三级	不良地质段，地下水发育区、软塑及流塑状土时不应采用

建筑边坡场地有无不良地质现象是建筑物及建筑边坡选址首先必须考虑的重大问题。显然在滑坡、危岩及泥石流规模大、破坏后果严重、难以处理的地段规划建筑场

地是难以满足安全可靠、经济合理的原则的，何况自然灾害的发生也往往不以人们的意志为转移。因此在规模大、难以处理的、破坏后果很严重的滑坡、危岩、泥石流及断层破碎带地区不应修筑建筑边坡。

在山区建设工程时宜根据地质、地形条件及工程要求，因地制宜设置边坡，避免形成深挖高填的边坡工程。对稳定性较差且坡高较大的边坡宜采用后仰放坡或分阶放坡，有利于减小侧压力，提高施工期的安全和降低施工难度。分阶放坡时水平台阶应有足够宽度，否则应考虑上阶边坡对下阶边坡的荷载影响。

三、边坡工程勘察的主要工作内容

边坡工程勘察应查明下列内容：

（1）场地地形和场地所在的地貌单元。

（2）岩土的时代、成因、类型、性状、覆盖层厚度、基岩面的形态和坡度、岩石风化和完整程度。

（3）岩、土体的物理力学性能。

（4）主要结构面特别是软弱结构面的类型、产状、发育程度、延伸程度、结合程度、充填状况、充水状况、组合关系、力学属性和与临空面关系。

（5）地下水的水位、水量、类型、主要含水层分布情况、补给和动态变化情况。

（6）岩土的透水性和地下水的出露情况。

（7）不良地质现象的范围和性质。

（8）地下水、土对支挡结构材料的腐蚀性。

（9）坡顶邻近（含基坑周边）建（构）筑物的荷载、结构、基础形式和埋深，地下设施的分布和埋深。

分析边坡和建在坡顶、坡上建筑物的稳定性对坡下建筑物的影响；在查明边坡工程地质和水文地质条件的基础上，确定边坡类别和可能的破坏形式，评价边坡的稳定性，对所勘察的边坡工程是否存在滑坡（或潜在滑坡）等不良地质现象以及开挖或构筑的适宜性做出评价，提出最优坡形和坡角的建议，提出不稳定边坡整治措施、施工注意事项和监测方案的建议。

四、边坡工程勘察工作要求

（一）勘察等级的划分

边坡工程勘察等级应根据边坡工程安全等级和地质环境复杂程度按表6-4划分。

表 6-4　边坡工程勘察等级

边坡工程安全等级	边坡地质环境复杂程度		
	简单	复杂	中等复杂
一级	一级	一级	二级
二级	一级	二级	三级
三级	二级	三级	三级

边坡地质环境复杂程度可按下列标准判别：

（1）地质环境复杂：组成边坡的岩土种类多，强度变化大，均匀性差，土质边坡潜在滑面多，岩质边坡受外倾结构面或外倾不同结构面组合控制，水文地质条件复杂。

（2）地质环境中等复杂：介于地质环境复杂与地质环境简单之间。

（3）地质环境简单：组成边坡的岩土种类少，强度变化小，均匀性好，土质边坡潜在滑面少，岩质边坡不受外倾结构面或外倾不同结构面组合控制，水文地质条件简单。

（二）勘察阶段的划分

地质条件和环境条件复杂、有明显变形迹象的一级边坡工程以及边坡邻近有重要建（构）筑物的边坡工程、二、三级建筑边坡工程作为主体建筑的环境时要求进行专门性的边坡勘察，往往是不现实的，可结合对主体建筑场地勘察一并进行。但应满足边坡勘察的深度和要求，勘察报告中应有边坡稳定性评价的内容。

边坡岩土体的变异性一般都比较大，对于复杂的岩土边坡很难在一次勘察中就将主要的岩土工程问题全部查明；对于一些大型边坡，设计往往也是分阶段进行的。因此，大型的和地质环境条件复杂的边坡宜分阶段勘察；当地质环境条件复杂时，岩土差异性就表现得更加突出，往往即使进行了初勘、详勘还不能准确地查明某些重要的岩土工程问题。因此，地质环境复杂的一级边坡工程尚应进行施工勘察。

各阶段应符合下列要求：

（1）初步勘察应收集地质资料，进行工程地质测绘和少量的勘探和室内试验，初步评价边坡的稳定性。

（2）详细勘察应对可能失稳的边坡及相邻地段进行工程地质测绘、勘探、试验、观测和分析计算，做出稳定性评价，对人工边坡提出最优开挖坡角；对可能失稳的边坡提出防护处理措施的建议。

（3）施工勘察应配合施工开挖进行地质编录，核对、补充前阶段的勘察资料，必要时进行施工安全预报，提出修改设计的建议。

边坡工程勘察前除应收集边坡及邻近边坡的工程地质资料外，尚应取得以下资料：

（1）附有坐标和地形的拟建边坡支挡结构的总平面布置图。

（2）边坡高度、坡底高程和边坡平面尺寸。

（3）拟建场地的整平高程和挖方、填方情况。

（4）拟建支挡结构的性质、结构特点及拟采取的基础形式、尺寸和埋置深度。

（5）边坡滑塌区及影响范围内的建（构）筑物的相关资料。

（6）边坡工程区域的相关气象资料。

（7）场地区域最大降雨强度和二十年一遇及五十年一遇最大降水量；河、湖历史最高水位和二十年一遇及五十年一遇的水位资料；可能影响边坡水文地质条件的工业和市政管线、江河等水源因素，以及相关水库水位调度方案资料。

（8）对边坡工程产生影响的汇水面积、排水坡度、长度和植被等情况。

（9）边坡周围山洪、冲沟和河流冲淤等情况。

（三）勘察工作量的布置

分阶段进行勘察的边坡，宜在收集已有地质资料的基础上先进行工程地质测绘和调查。对于岩质边坡，工程地质测绘是勘察工作的首要内容。查明天然边坡的形态和坡角，对于确定边坡类型和稳定坡率是十分重要的。因为软弱结构面一般是控制岩质边坡稳定的主要因素，故应着重查明软弱结构面的产状和性质；测绘范围不能仅限于边坡地段，应适当扩大到可能对边坡稳定有影响及受边坡影响的所有地段。

边坡工程勘探应采用钻探（直孔、斜孔）、坑（井）探、槽探和物探等方法。对于复杂、重要的边坡可以辅以洞探。边坡（含基坑边坡）勘察的重点之一是查明岩土体的性状。对岩质边坡面言，勘察的重点是查明边坡岩体中结构面的发育性状。采用常规钻探难以达到预期效果，需采用多种手段，辅用一定数量的探洞、探井、探槽和斜孔，特别是斜孔、井槽、探槽对于查明陡倾结构是非常有效的。

边坡工程勘探范围应包括坡面区域和坡面外围一定的区域。对无外倾结构面控制的岩质边坡的勘探范围：到坡顶的水平距离一般不应小于边坡高度。对外倾结构面控制的岩质边坡的勘探范围应根据组成边坡的岩土性质及可能破坏模式确定；对可能按土体内部圆弧形破坏的土质边坡不应小于 1.5 倍坡高；对可能沿岩土界面滑动的土质边坡，后部应大于可能的后缘边界，前缘应大于可能的剪出口位置。勘察范围尚应包括可能对建（构）筑物有潜在安全影响的区域。

由于边坡的破坏主要是重力作用下的一种地质现象，其破坏方式主要是沿垂直于边坡方向的滑移失稳，故勘探线应以垂直边坡走向或平行主滑方向布置为主，在拟设置支挡结构的位置应布置平行或垂直的勘探线。成图比例尺应大于或等于 1 ∶ 500，剖面的纵横比例应相同。

勘探点分为一般性勘探点和控制性勘探点。控制性勘探点宜占勘探点总数的 $1/5 \sim 1/3$，地质环境条件简单、大型的边坡工程取 1/5，地质环境条件复杂、小型的边坡工程取 1/3，并应满足统计分析的要求。

勘察孔进入稳定层的深度的确定，主要依据查明支护结构持力层性状，并避免在坡脚出现判层错误（将巨块石误判为基岩）等。勘探孔深度应穿过潜在滑动面并深入稳定层 $2 \sim 5m$，控制性勘探孔取大值，一般性勘探孔取小值。支挡位置的控制性勘探孔深度应根据可能选择的支护结构形式确定：对于重力式挡墙、扶壁式挡墙和锚杆可进入持力层不小于 2.0m；对于悬臂桩进入嵌固段的深度土质时不宜小于悬臂长度的 1.0 倍，岩质时不小于 0.7 倍。

135

对主要岩土层和软弱层应采取试样进行室内物理力学性能试验，其试验项目应包括物性、强度及变形指标，试样的含水状态应包括天然状态和饱和状态。用于稳定性计算时土的抗剪强度指标宜采用直接剪切试验获取，用于确定地基承载力时土的峰值抗剪强度指标宜采用三轴试验获取。主要岩土层采集试样数量：土层不少于 6 组，对于现场直剪试验，每组不应少于 3 个试件，岩样抗压强度不应少于 9 个试件；岩石抗剪强度不少于 3 组。需要时应采集岩样进行变形指标试验，有条件时应进行结构面的抗剪强度试验。

建筑边坡工程勘察应提供水文地质参数。对于土质边坡及较破碎、破碎和极破碎的岩质边坡在不影响边坡安全条件下，通过抽水、压水或渗水试验确定水文地质参数。

对于地质条件复杂的边坡工程，初步勘察时宜选择部分钻孔埋设地下水和变形监测设备进行监测。

除各类监测孔外，边坡工程勘察工作的探井、探坑和探槽等在野外工作完成后应及时封填密实。

（四）边坡力学参数取值

正确确定岩土和结构面的强度指标，是边坡稳定分析和边坡设计成败的关键。岩体结构面的抗剪强度指标宜根据现场原位试验确定。对有特殊要求的岩质边坡宜做岩体流变试验，但当前并非所有工程均能做到。由于岩体（特别是结构面）的现场剪切试验费用较高、试验时间较长、试验比较困难等原因，在勘察时难以普遍采用。而且，试验点的抗剪强度与整个结构面的抗剪强度可能存在较大的偏差，这种"以点代面"可能与实际不符。此外结构面的抗剪强度还将受施工期和运行期各种因素的影响。

岩土强度室内试验的应力条件应尽量与自然条件下岩土体的受力条件一致，三轴剪切试验的最高围压和直剪试验的最大法向压力的选择，应与试样在坡体中的实际受力情况相近。对控制边坡稳定的软弱结构面，宜进行原位剪切试验，室内试验成果的可靠性较差，对软土可采用十字板剪切试验。对大型边坡，必要时可进行岩体应力测试、波速测试、动力测试、孔隙水压力测试和模型试验。

实测抗剪强度指标是重要的，但更要强调结合当地经验，并宜根据现场坡角采用反分析验证。岩石（体）作为一种材料，具有在静载作用下随时间推移而出现强度降低的"蠕变效应"或称"流变效应"。岩石（体）流变试验在我国（特别是建筑边坡）进行得不是很多。

岩石抗剪强度指标标准值是对测试值进行误差修正后得到反映岩石特点的值。由于岩体中或多或少都有结构面存在，其强度要低于岩块的强度。当前不少勘察单位采用水利水电系统的经验，不加区分地将岩石的黏聚力 C 乘以 0.2，内摩擦因数乘以 0.8 作为岩体的 C、φ。

岩体等效内摩擦角是考虑黏聚力在内的假想的"内摩擦角"，也称似内摩擦角或综合内摩擦角。边坡岩体等效内摩擦角按当地经验确定，也可由公式计算确定。

（五）气象、水文和水文地质条件

大量的建筑边坡失稳事故的发生，无不说明了雨季、暴雨、地表径流及地下水对建筑边坡稳定性的重大影响，所以建筑边坡的工程勘察应满足各类建筑边坡的支护设计与施工的要求，并开展进一步专门必要的分析评价工作，因此提供完整的气象、水文及水文地质条件资料，并分析其对建筑边坡稳定性的作用与影响是非常重要的。

建筑边坡工程的气象资料收集、水文调查和水文地质勘察应满足下列要求：

（1）收集相关气象资料、最大降雨强度和十年一遇最大降水量，研究降水对边坡稳定性的影响。

（2）收集历史最高水位资料，调查可能影响边坡水文地质条件的工业和市政管线、江河等水源因素，以及相关水库水位调度方案资料。

（3）查明对边坡工程产生重大影响的汇水面积、排水坡度、长度和植被等情况。

（4）查明地下水类型和主要含水层分布情况。

（5）查明岩体和软弱结构面中地下水情况。

（6）调查边坡周围山洪、冲沟和河流冲淤等情况。

（7）论证孔隙水压力变化规律和对边坡应力状态的影响。

（8）必要的水文地质参数是边坡稳定性评价、预测及排水系统设计所必需的，因此建筑边坡勘察应提供必需的水文地质参数，在不影响边坡安全的前提条件下，可进行现场抽水试验、渗水试验或压水试验等获取水文地质参数。

（9）建筑边坡勘察除应进行地下水力学作用和地下水物理、化学作用（指地下水对边坡岩土体或可能的支护结构产生的侵蚀、矿物成分改变等物理、化学影响及影响程度）的评价以外，还宜考虑雨季和暴雨的影响。对一级边坡或建筑边坡治理条件许可时，可开展降雨渗入对建筑边坡稳定性影响研究工作。

（六）危岩崩塌勘察

在丘陵、山区选择场址和考虑建筑总平面布置时，首先必须判定山体的稳定性，查明是否存在产生危岩崩塌的条件。实践证明，这些问题如不在选择场址或可行性研究中及时发现和解决，会给经济建设造成巨大损失。因此，危岩崩塌勘察应在拟建建（构）筑物的可行性研究或初步勘察阶段进行。工作中除应查明危岩分布及产生崩塌的条件、危岩规模、类型、范围、稳定性，预测其发展趋势以及危岩崩塌危害的范围等，对崩塌区作为建筑场地的适宜性作出判断外，尚应根据危岩崩塌产生的机制有针对性地提出防治建议。

危岩崩塌勘察区的主要工作手段是工程地质测绘。危岩崩塌区工程地质测绘的比例尺宜选用 1∶200～1∶500，对危岩体和危岩崩塌方向主剖面的比例尺宜选用 1∶200。

危岩崩塌区勘察应满足下列要求：

（1）收集当地崩塌史（崩塌类型、规模、范围、方向和危害程度等）、气象、水文、工程地质勘察（含地震）、防治危岩崩塌的经验等资料。

（2）查明崩塌区的地形地貌。

（3）查明危岩崩塌区的地质环境条件，重点查明危岩崩塌区的岩体结构类型、结构面形状、组合关系、闭合程度、力学属性、贯通情况和岩性特征、风化程度以及下覆洞室等。

（4）查明地下水活动状况。

（5）分析危岩变形迹象和崩塌原因。

工作中应着重分析、研究形成崩塌的基本条件，判断产生崩塌的可能性及其类型、规模、范围。预测发展趋势，对可能发生崩塌的时间、规模方向、途径、危害范围做出预测，为防治工程提供准确的工程勘察资料（含必要的设计参数）并提出防治方案。

不同破坏形式的危岩其支护方式是不同的。因而勘察中应按单个危岩形态特征确定危岩的破坏形式、进行定性或定量的稳定性评价，提供有关图件标明危岩分布、大小和数量，提出支护建议。

危岩稳定性判定时应对张裂缝进行监测。对破坏后果严重的大型危岩，应结合监测结果对可能发生崩塌的时间、规模、方向、途径和危害范围做出预测。

五、边坡的稳定性评价要求

（一）评价要求和内容

下列建筑边坡应进行稳定性评价：

（1）选作建筑场地的自然斜坡。

（2）由于开挖或填筑形成并需要进行稳定性验算的边坡。

（3）施工期间出现新的不利因素的边坡。

施工期间出现新的不利因素的边坡，指在建筑和边坡加固措施尚未完成的施工阶段可能出现显著变形、破坏及其他显著影响边坡稳定性因素的边坡。对于这些边坡，应对施工期出现新的不利因素作用下的边坡稳定性做出评价。

（4）使用条件发生变化的边坡。

边坡稳定性评价应在充分查明工程地质条件的基础上，根据边坡岩土类型和结构，确定边坡破坏模式，综合采用工程地质类比法和刚体极限平衡计算法进行边坡稳定性评价。边坡稳定性评价应包括下列内容：

（1）边坡稳定性状态的定性判断。

（2）边坡稳定性计算。

（3）边坡稳定性综合评价。

（4）边坡稳定性发展趋势分析。

（二）稳定性分析与评价方法

在边坡稳定性评价中，应遵循以定性分析为基础，以定量计算为重要辅助手段，进行综合评价的原则。

边坡稳定性评价应在充分查明工程地质、水文地质条件的基础上，根据边坡岩土工程条件，对边坡的可能破坏方式及相应破坏方向、破坏范围、影响范围等做出判断。

判断边坡的可能破坏方式时应同时考虑到受岩土体强度控制的破坏和受结构面控制的破坏。

在确定边坡破坏模式的基础上，综合采用工程地质类比法和刚体极限平衡计算法等定性分析和定量分析相结合的方法进行。应以边坡地质结构、变形破坏模式、变形破坏与稳定性状态的地质判断为基础，对边坡的可能破坏形式和边坡稳定性状态做出定性判断，确定边坡破坏的边界范围、边坡破坏的地质模型（破坏模式），对边坡破坏趋势做出判断和估计。根据边坡地质结构和破坏类型选取恰当的方法进行定量计算分析，并综合考虑定性判断和定量分析结果做出边坡稳定性评价。

根据已经出现的变形破坏迹象对边坡稳定性状态做出定性判断时，应重视坡体后缘可能出现的微小张裂现象，并结合坡体可能的破坏模式对其成因作细致分析。若坡体侧边出现斜列裂缝或在坡体中下部出现剪出或隆起变形时，可做出不稳定的判断。

不同的边坡有不同的破坏模式，如果破坏模式选错，具体计算失去基础，必然得不到正确结果。破坏模式有平面滑动、圆弧滑动、楔形体滑落、倾倒、剥落等，平面滑动又有沿固定平面滑动和沿倾角滑动等。鉴于影响边坡稳定的不确定因素很多，边坡的稳定性评价可采用多种方法进行综合评价。常用的有工程地质类比法、图解分析法、极限平衡法和有限单元法等。各区段条件不一致时，应分区段分析。

工程地质类比方法主要依据工程经验和工程地质学分析方法，按照坡体介质、结构及其他条件的类比，进行边坡破坏类型及稳定性状态的定性判断。工程地质类比法具有经验性和地区性的特点，应用时必须全面分析已有边坡与新研究边坡的工程地质条件的相似性和差异性，同时还应考虑工程的规模、类型及其对边坡的特殊要求，可用于地质条件简单的中、小型边坡。

图解分析法需在大量的节理裂隙调查统计的基础上进行。将结构面调查统计结果绘成等密度图，得出结构面的优势方位。在赤平极射投影图上，根据优势方位结构面的产状和坡面投影关系分析边坡的稳定性。

（1）当结构面或结构面交线的倾向与坡面倾向相反时，边坡为稳定结构。

（2）当结构面或结构面交线的倾向与坡面倾向一致，但倾角大于坡角时，边坡为基本稳定结构。

（3）当结构面或结构面交线的倾向与坡面倾向之间夹角大于 $45°$，且倾角小于坡角时，边坡为不稳定结构。

求潜在不稳定体的形状和规模需采用实体比例投影，对图解法所得出的潜在不稳定边坡应计算验证。

边坡抗滑移稳定性计算可采用刚体极限平衡法；对结构复杂的岩质边坡，可结合采用极射赤平投影法和实体比例投影法；当边坡破坏机制复杂时，可采用数值极限分析法。

对边坡规模较小、结构面组合关系较复杂的块体滑动破坏，采用极射赤平投影法及实体比例投影法较为方便。

对于破坏机制复杂的边坡，难以采用传统的方法计算，目前国外和国内水利水电部门已广泛采用数值极限分析法进行计算。数值极限分析法与传统极限分析法求解原理相同，只是求解方法不同，两种方法得到的结果是一致的。对复杂边坡，传统极限分析法无法求解，需要作许多人为假设，影响计算精度，而数值极限分析法适用性广，不另作假设就可直接求得。

对于均质土体边坡，一般宜采用圆弧滑动面条分法进行边坡稳定性计算。岩质边坡在发育 3 组以上结构面，且不存在优势外倾结构面组的条件下，可以认为岩体为各向同性介质，在斜坡规模相对较大时，其破坏通常按近似圆弧滑面发生，宜采用圆弧滑动面条分法计算。

通过边坡地质结构分析，存在平面滑动可能性的边坡，可采用平面滑动稳定性计算方法计算。对建筑边坡来说，坡体后缘存在竖向贯通裂缝的情况较少，是否考虑裂隙水压力视具体情况确定。

对于规模较大、地质结构复杂或者可能沿基岩与覆盖层界面滑动的情形，宜采用折线滑动面计算方法进行边坡稳定性计算。

对于折线形滑动面，传递系数法有隐式解和显式解两种形式。显式解的出现是由于当时计算机不普及，对传递系数作了一个简化的假设，将传递系数中的安全系数值假设为 1，从而使计算简化，但增加了计算误差。同时对安全系数作了新的定义，在这一定义中当荷载增大时只考虑下滑力的增大，不考虑抗滑力的提高，这也不符合力学规律。因而隐式解优于显式解，当前计算机已经很普及，应当回归到原理的传递系数法。

无论隐式解还是显式解，传递系数法都存在一个缺陷，即对折线形滑面有严格的要求，如果两滑面间的夹角（即转折点处的两倾角的差值）过大，就可出现不可忽视的误差。因而当转折点处的两倾角的差值超过 10° 时，需要对滑面进行处理，以消除尖角效应。一般可采用对突变的倾角作圆弧连接，然后在弧上插点，来减少倾角的变化值，使其小于 10°。处理后，误差可以达到工程要求。

边坡稳定性计算时，对基本烈度为 7 度及 7 度以上地区的永久性边坡应进行地震工况下边坡稳定性校核。

当边坡可能存在多个滑动面时，对各个可能的滑动面均应进行稳定性计算。

（三）稳定性评价标准

边坡稳定性状态分为稳定、基本稳定、欠稳定和不稳定四种状态，可根据边坡稳定性系数按表 6-5 确定。

表< 6-5　边坡稳定性状态划分

边坡稳定性系数 F_s	$F_s < 1.00$	$1.00 \leqslant F_s < 1.05$	$1.05 \leqslant F_s < F_{st}$	$F_s \geqslant F_{st}$
边坡稳定性状态	不稳定	欠稳定	基本稳定	稳定

由于建筑边坡规模较小，一般工况中采用的边坡稳定安全系数又较高，所以不再考虑土体的雨季饱和工况。对于受雨水或地下水影响较大的边坡工程，可结合当地做

法，按饱和工况计算，即按饱和重度与饱和状态时的抗剪强度参数。

对地质环境条件复杂的工程安全等级为一级的边坡在勘察过程中应进行监测。监测内容根据具体情况可包括边坡变形（包括坡面位移和深部水平位移）、地下水动态和易风化岩体的风化速度等，目的在于为边坡设计提供参数，检验措施（如支挡、疏干等）的效果和进行边坡稳定的预报。

众所周知，水对边坡工程的危害是很大的，因而掌握地下水随季节的变化规律和最高水位等有关水文地质资料对边坡治理是很有必要的。对位于水体附近或地下水发育等地段的边坡工程宜进行长期观测，至少应观测一个水文年。

建筑边坡工程勘察中，除应进行地下水力学作用和对边坡岩土体或可能的支挡结构由于地下水产生侵蚀、矿物成分改变等物理、化学作用的评价，还应论证孔隙水压力变化规律和对边坡应力状态的影响，并应考虑雨季和暴雨过程的影响。

第五节　地基处理

地基处理是指为提高承载力，改善其变形性质或渗透性质而采取的人工处理地基的方法。

一、地基处理的目的

根据工程情况及地基土质条件或组成的不同，处理的目的为：

（1）提高土的抗剪强度，使地基保持稳定。

（2）降低土的压缩性，使地基的沉降和不均匀沉降减至允许范围内。

（3）降低土的渗透性或渗流的水力梯度，防止或减少水的渗漏，避免渗流造成地基破坏。

（4）改善土的动力性能，防止地基产生震陷变形或因土的振动液化而丧失稳定性。

（5）消除或减少土的湿陷性或胀缩性引起的地基变形，避免建筑物破坏或影响其正常使用。

对任何工程来讲，处理目的可能是单一的，也可能需同时在几个方面达到一定要求。地基处理除用于新建工程的软弱和特殊土地基外，也作为事后补救措施用于已建工程地基加固。

二、地基处理方法的分类

地基处理技术从机械压实到化学加固，从浅层处理到深层处理，方法众多，按其处理原理和效果大致可分为换填垫层法、排水固结法、挤密振密法、拌入法、灌浆法和加筋法等类型。

（一）换填垫层法

换填垫层法是先将基底下一定范围内的软弱土层挖除，然后回填强度较高、压缩性较低且不含有机质的材料，分层碾压后作为地基持力层，以提高地基的承载力和减少变形。

换填垫层法适用于处理各类浅层软弱地基，是用砂、碎石、矿渣或其他合适的材料置换地基中的软弱或特殊土层，分层压实后作为基底垫层，从而达到处理的目的。它常用于处理软弱地基，也可用于处理湿陷黄土地基和膨胀土地基。从经济合理角度考虑，换土垫层法一般适用于处理浅层地基（深度通常不超过 3m）。换填垫层法的关键是垫层的碾压密实度，并应注意换填材料对地下水的污染影响。

（二）预压法（排水固结法）

预压法是在建筑物建造前，采用预压、降低地下水位、电渗等方法在建筑场地进行加载预压促使土层排水固结，使地基的固结沉降提前基本完成，以减小地基的沉降和不均匀沉降，提高其承载力。

预压法适用于处理深厚的饱和软黏土，分为堆载预压、真空预压、降水预压和电渗排水预压。预压法的关键是使荷载的增加与土的承载力增长率相适应。当采用堆载预压法时，通常在地基内设置一系列就地灌筑砂井、袋装砂井或塑料排水板，形成竖向排水通道以增加土的排水途径，以加速土层固结。

（三）强夯法和强夯置换法

强夯法又名动力固结法或动力压实法。这种方法是反复将夯锤提到一定高度使其自由落下，给地基以冲击和振动能量，从而提高地基的承载力并降低其压缩性，改善地基性能。由于强夯法具有加固效果显著、适用土类广、设备简单、施工方便、节省劳力、施工期短、节约材料、施工文明和施工费用低等优点，大量工程实例证明，强夯法用于处理碎石土、砂土、低饱和度的粉土和黏性土、湿陷性黄土、素填土和杂填土等地基，一般均能取得较好的效果。对于软土地基，一般来说处理效果不显著。

强夯置换法是采用在夯坑内回填块石、碎石等粗颗粒材料，用夯锤夯击形成连续的强夯置换墩。强夯置换法是 20 世纪 80 年代后期开发的方法，适用于高饱和度的粉土与软塑 —— 流塑的黏性土等地基上对变形控制要求不严的工程。强夯置换法具有加固效果显著、施工期短、施工费用低等优点，目前已用于堆场、公路、机场、房屋建筑、油罐等工程，一般效果良好，个别工程因设计、施工不当，加固后出现下沉较大或墩体与墩间土下沉不等的情况。因此，特别强调采用强夯置换法前，必须通过现场试验确定其适用性和处理效果，否则不得采用。

强夯法虽然已在工程中得到广泛的应用，但有关强夯机理的研究，至今尚未取得满意的结果。因此，目前还没有一套成熟的设计计算方法。强夯施工前，应在施工现场有代表性的场地上进行试夯或试验性施工，通过试验确定强夯的设计参数 —— 单点夯击能、最佳夯击能、夯击遍数和夯击间歇时间等。强夯法由于振动和噪声对周围环境影响较大，在城市使用有一定的局限性。

（四）复合地基法

复合地基是指由两种刚度（或模量）不同的材料（桩体和桩间土）组成，共同承受上部荷载并协调变形的人工地基。根据桩体材料的不同，复合地基中的许多独立桩体，其顶部与基础不连接，区别于桩基中群桩与基础承台相连接。因此独立桩体亦称竖向增强体。复合地基中的桩柱体的作用，一是置换，二是挤密。因此，复合地基除可提高地基承载力、减少变形外，还有消除湿陷和液化的作用。复合地基设计应满足承载力和变形要求。对于地基土为欠固结土、膨胀土、湿陷性黄土、可液化土等特殊土时，其设计要综合考虑土体的特殊性质选用适当的增强体和施工工艺。

复合地基的施工方法可分为振冲挤密法、钻孔置换法和拌入法三大类。

振冲挤密法采用振冲、振动或锤击沉管、柱锤冲扩等挤土成孔方法对不同性质的土层分别具有置换、挤密和振动密实等作用。对黏性土主要起到置换作用，对中细砂和粉土除置换作用外还有振实挤密作用。在以上各种土中施工都要在孔内加填砂、碎石、灰土、卵石、碎砖、生石灰块、水泥土、水泥粉煤灰碎石等回填料，制成密实振冲桩，而桩间土则受到不同程度的挤密和振密。可用于处理松散的无黏性土、杂填土、非饱和黏性土及湿陷性黄土等地基，形成桩土共同作用的复合地基，使地基承载力提高，变形减少，并可消除土层的液化。

钻孔置换法主要采用水冲、洛阳铲或螺旋钻等非挤土方法成孔，孔内回填为高黏结强度的材料形成桩体如由水泥、粉煤灰、碎石、石屑或砂加水拌和形成的桩、夯实水泥土或素混凝土形成的桩体等，形成桩土共同作用的复合地基，使地基承载力提高，变形减少。

拌入法是指采用高压喷射注浆法、深层喷浆搅拌法、深层喷粉搅拌法等在土中掺入水泥浆或能固化的其他浆液，或者直接掺入水泥、石灰等能固化的材料，经拌和固化后，在地基中形成一根根柱状固化体，并与周围土体组成复合地基而达到处理目的。可适用于软弱黏性土、欠固结冲填土、松散砂土及砂砾石等多种地基。

（五）灌浆法

灌浆法是靠压力传送或利用电渗原理，把含有胶结物质并能固化的浆液灌入土层，使其渗入土的孔隙或充填土岩中的裂缝和洞穴中，或者把很稠的浆体压入事先打好的钻孔中，借助于浆体传递的压力挤密土体并使其上抬，达到加固处理目的。其适用性与灌浆方法和浆液性能有关，一般可用于处理砂土、砂砾石、湿陷性黄土及饱和黏性土等地基。

注浆法包括粒状剂和化学剂注浆法。粒状剂包括水泥浆、水泥砂浆、黏土浆、水泥黏土浆等，适用于中粗砂、碎石土和裂隙岩体；化学剂包括硅酸钠溶液、氢氧化钠溶液、氯化钙溶液等，可用于砂土、粉土和黏性土等。作业工艺有旋喷法、深层搅拌、压密注浆和劈裂注浆等。其中粒状剂注浆法和化学剂注浆法属渗透注浆，其他属混合注浆。

注浆法有强化地基和防水止渗的作用，可用于地基处理、深基坑支挡和护底、建造地下防渗帷幕，防止砂土液化、防止基础冲刷等方面。

因大部分化学浆液有一定的毒性，应防止浆液对地下水的污染。

（六）加筋法

采用强度较高、变形较小、老化慢的土工合成材料，如土工织物、塑料格栅等，其受力时伸长率不大于 4%～5%，抗腐蚀耐久性好，埋设在土层中，即由分层铺设的土工合成材料与地基土构成加筋土垫层。土工合成材料还可起到排水、反滤、隔离和补强作用。加筋法常用于公路路堤的加固，在地基处理中，加筋法可用于处理软弱地基。

（七）托换技术（或称基础托换）

托换技术是指对原有建筑物地基和基础进行处理、加固或改建，或在原有建筑物基础下修建地下工程或因邻近建造新工程而影响到原有建筑物的安全时所采取的技术措施的总称。

三、地基处理的岩土工程勘察的基本要求

进行地基处理时应有足够的地质资料，当资料不全时，应进行必要的补充勘察。地基处理的岩土工程勘察应满足下列基本要求：

（1）针对可能采用的地基处理方案，提供地基处理设计和施工所需的岩土特性参数；岩土参数是地基处理设计成功与否的关键，应选用合适的取样方法、试验方法和取值标准。

（2）预测所选地基处理方法对环境和邻近建筑物的影响；如选用强夯法施工时，应注意振动和噪声对周围环境产生的不利影响；选用注浆法时，应避免化学浆液对地下水、地表水的污染等。

（3）提出地基处理方案的建议。每种地基处理方法都有各自的适用范围、局限性和特点，因此，在选择地基处理方法时都要进行具体分析，从地基条件、处理要求、处理费用和材料、设备来源等综合考虑，进行技术、经济、工期等方面的比较，以选用技术上可靠、经济上合理的地基处理方法。

（4）当场地条件复杂，或采用某种地基处理方法缺乏成功经验，或采用新方法、新工艺时，应在施工现场对拟选方案进行试验或对比试验，以取得可靠的设计参数和施工控制指标；当难以选定地基处理方案时，可进行不同地基处理方法的现场对比试验，通过试验检验方案的设计参数和处理效果，选定可靠的地基处理方法。

（5）在地基处理施工期间，岩土工程师应进行施工质量和施工对周围环境和邻近工程设施影响的监测，以保证施工顺利进行。

四、各类地基处理方法勘察的重点内容

（一）换填垫层法的岩土工程勘察重点

（1）查明待换填的不良土层的分布范围和埋深。

（2）测定换填材料的最优含水量、最大干密度。

（3）评定垫层以下软弱下卧层的承载力和抗滑稳定性，估算建筑物的沉降。

（4）评定换填材料对地下水的环境影响。

（5）对换填施工过程应注意的事项提出建议。

（6）对换填垫层的质量进行检验或现场试验。

（二）预压法的岩土工程勘察重点

（1）查明土的成层条件、水平和垂直方向的分布、排水层和夹砂层的埋深和厚度、地下水的补给和排泄条件等。

（2）提供待处理软土的先期固结压力、压缩性参数、固结特性参数和抗剪强度指标、软土在预压过程中强度的增长规律。

（3）预估预压荷载的分级和大小、加荷速率、预压时间、强度的可能增长和可能的沉降。

（4）对重要工程，建议选择代表性试验区进行预压试验；采用室内试验、原位测试、变形和孔压的现场监测等手段，推算软土的固结系数、固结度与时间的关系和最终沉降量，为预压处理的设计施工提供可靠依据。

（5）检验预压处理效果，必要时进行现场载荷试验。

（三）强夯法的岩土工程勘察重点

（1）查明强夯影响深度范围内土层的组成、分布、强度、压缩性、透水性和地下水条件。

（2）查明施工场地和周围受影响范围内的地下管线和构筑物的位置、标高；查明有无对振动敏感的设施，是否需在强夯施工期间进行监测。

（3）根据强夯设计，选择代表性试验区进行试夯，采用室内试验、原位测试、现场监测等手段，查明强夯有效加固深度，夯击能量、夯击遍数与夯沉量的关系，夯坑周围地面的振动和地面隆起，土中孔隙水压力的增长和消散规律。

（四）桩土复合地基的岩土工程勘察重点

（1）查明暗塘、暗浜、暗沟、洞穴等的分布和埋深。

（2）查明土的组成、分布和物理力学性质，软弱土的厚度和埋深，可作为桩基持力层的相对硬层的埋深。

（3）预估成桩施工可能性（有无地下障碍、地下洞穴、地下管线、电缆等）和成桩工艺对周围土体、邻近建筑、工程设施和环境的影响（噪声、振动、侧向挤土、地面沉陷或隆起等），桩体与水土间的相互作用（地下水对桩材的腐蚀性，桩材对周围水土环境的污染等）。

（4）评定桩间土承载力，预估单桩承载力和复合地基承载力。

（5）评定桩间土、桩身、复合地基、桩端以下变形计算深度范围内土层的压缩性，任务需要时估算复合地基的沉降量。

（6）对需验算复合地基稳定性的工程，提供桩间土、桩身的抗剪强度。

（7）任务需要时应根据桩土复合地基的设计，进行桩间土、单桩和复合地基载荷试验，检验复合地基承载力。

（五）注浆法的岩土工程勘察重点

（1）查明土的级配、孔隙性或岩石的裂隙宽度和分布规律，岩土渗透性，地下水埋深、流向和流速，岩土的化学成分和有机质含量；岩土的渗透性宜通过现场试验测定。

（2）根据岩土性质和工程要求选择浆液和注浆方法（渗透注浆、劈裂注浆、压密注浆等），根据地区经验或通过现场试验确定浆液浓度、黏度、压力、凝结时间、有效加固半径或范围，评定加固后地基的承载力、压缩性、稳定性或抗渗性。

（3）在加固施工过程中对地面、既有建筑物和地下管线等进行跟踪变形观测，以控制灌注顺序、注浆压力和注浆速率等。

（4）通过开挖、室内试验、动力触探或其他原位测试，对注浆加固效果进行检验。

（5）注浆加固后，应对建筑物或构筑物进行沉降观测，直至沉降稳定为止，观测时间不宜少于半年。

第六节　地下洞室

一、地下洞室围岩的质量分级

地下洞室勘察的围岩分级方法应与地下洞室设计采用的标准一致，首先确定基本质量级别，然后考虑地下水、主要软弱结构面和地应力等因素对基本质量级别进行修正，并以此衡量地下洞室的稳定性，岩体级别越高，则洞室的自稳能力越好。

二、地下洞室勘察阶段的划分

地下洞室勘察划分为可行性研究勘察、初步勘察、详细勘察和施工勘察四个阶段。

根据多年的实践经验，地下洞室勘察分阶段实施是十分必要的。这不仅符合按程序办事的基本建设原则，也是由于自然界地质现象的复杂性和多变性所决定的。因为这种复杂多变性，在一定的勘察阶段内难以全部认识和掌握，需要一个逐步深化的认识过程。分阶段实施勘察工作，可以减少工作的盲目性，有利于保证工程质量。当然，也可根据拟建工程的规模、性质和地质条件，因地制宜地简化勘察阶段。

三、各勘察阶段的勘察内容和勘察方法

（一）可行性研究勘察阶段

可行性研究勘察应通过收集区域地质资料，现场踏勘和调查，了解拟选方案的地形地貌、地层岩性、地质构造、工程地质、水文地质和环境条件，对拟选方案的适宜性做出评价，选择合适的洞址和洞口。

（二）初步勘察阶段

初步勘察应采用工程地质测绘，并结合工程需要，辅以物探、钻探和测试等方法，初步查明选定方案的地质条件和环境条件，初步确定岩体质量等级（围岩类别），对洞址和洞口的稳定性做出评价，为初步设计提供依据。

工程地质测绘的任务是查明地形地貌、地层岩性、地质构造、水文地质条件和不良地质作用，为评价洞区稳定性和建洞适宜性提供资料，为布置物探和钻探工作量提供依据。在地下洞室勘察中，做好工程地质测绘可以起到事半功倍的作用。

地下洞室初步勘察时，工程地质测绘和调查应初步查明下列问题：

（1）地貌形态和成因类型。

（2）地层岩性、产状、厚度、风化程度。

（3）断裂和主要裂隙的性质、产状、充填、胶结、贯通及组合关系。

（4）不良地质作用的类型、规模和分布。

（5）地震地质背景。

（6）地应力的最大主应力作用方向。

（7）地下水类型、埋藏条件、补给、排泄和动态变化。

（8）地表水体的分布及其与地下水的关系，淤积物的特征。

（9）洞室穿越地面建筑物、地下构筑物、管道等既有工程时的相互影响。

地下洞室初步勘察时，勘探与测试应符合下列要求：

（1）采用浅层地震剖面法或其他有效方法圈定隐伏断裂、地下隐伏体，探测构造破碎带，查明基岩埋深、划分风化带。

（2）勘探点宜沿洞室外侧交叉布置，钻探工作可根据工程地质测绘的疑点和工程物探的异常点布置。

（3）每一主要岩层和土层均应采取试样，当有地下水时应采取水试样；当洞区存在有害气体或地温异常时，应进行有害气体成分、含量或地温测定；对高地应力地区，应进行地应力量测。

（4）必要时，可进行钻孔弹性波或声波测试，钻孔地震CT或钻孔电磁波CT测试，可评价岩体完整性，计算岩体动力参数，划分围岩类别等。

（三）详细勘察阶段

详细勘察阶段是地下洞室勘察的一个重要阶段，应采用钻探、钻孔物探和测试为主的勘察方法，必要时可结合施工导洞布置洞探，工程地质测绘在详勘阶段一般情况

下不单独进行，只是根据需要做一些补充性调查。详细勘察的任务是详细查明洞址、洞口、洞室穿越线路的工程地质和水文地质条件，分段划分岩体质量级别或围岩类别，评价洞体和围岩稳定性，为洞室支护设计和确定施工方案提供资料。

详细勘察具体应进行下列工作：

（1）查明地层岩性及其分布，划分岩组和风化程度，进行岩石物理力学性质试验。

（2）查明断裂构造和破碎带的位置、规模、产状和力学属性，划分岩体结构类型。

（3）查明不良地质作用的类型、性质、分布，并提出防治措施的建议。

（4）查明主要含水层的分布、厚度、埋深，地下水的类型、水位、补给排泄条件，预测开挖期间出水状态、涌水量和水质的腐蚀性。

（5）城市地下洞室需降水施工时，应分段提出工程降水方案和有关参数。

（6）查明洞室所在位置及邻近地段的地面建筑和地下构筑物、管线状况，预测洞室开挖可能产生的影响，提出防护措施。

（7）综合场地的岩土工程条件，划分围岩类别，提出洞址、洞口、洞轴线位置的建议，对洞口、洞体的稳定性进行评价，提出支护方案和施工方法的建议，对地面变形和既有建筑的影响进行评价。

详细勘察可采用浅层地震勘探和孔间地震 CT 或孔间电磁波 CT 测试等方法，详细查明基岩埋深、岩石风化程度、隐伏体（如溶洞、破碎带等）的位置，在钻孔中进行弹性波波速测试，为确定岩体质量等级（围岩类别）、评价岩体完整性、计算动力参数提供资料。

详细勘察时，勘探点宜在洞室中线外侧 6 ～ 8m 交叉布置，山区地下洞室按地质构造布置，且勘探点间距不应大于 50m；城市地下洞室的勘探点间距，岩土变化复杂的场地宜小于 25m，中等复杂的宜为 25 ～ 40m，简单的宜为 40 ～ 80m。

采集试样和原位测试勘探孔数量不应少于勘探孔总数的 1/2。

详细勘察时，第四系中的控制性勘探孔深度应根据工程地质、水文地质条件、洞室埋深、防护设计等需要确定；一般性勘探孔可钻至基底设计标高下 6 ～ 10m。控制性勘探孔深度，对岩体基本质量等级为Ⅰ级和Ⅱ级的岩体宜钻入洞底设计标高下 1 ～ 3m；对Ⅲ级岩体宜钻入 3 ～ 5m，对Ⅳ级、Ⅴ级的岩体和土层，勘探孔深度应根据实际情况确定。

（四）施工勘察和超前地质预报

进行地下洞室勘察，仅凭工程地质测绘、工程物探和少量的钻探工作，其精度是难以满足施工要求的，尚需依靠施工勘察和超前地质预报加以补充和修正。因此，施工勘察和地质超前预报关系到地下洞室掘进速度和施工安全，可以起到指导设计和施工的作用。

施工勘察应配合导洞或毛洞开挖进行，当发现与勘察资料有较大出入时，应提出修改设计和施工方案的建议。

超前地质预报主要内容包括下列四方面：

（1）断裂、破碎带和风化囊的预报。

（2）不稳定块体的预报。

（3）地下水活动情况的预报。

（4）地应力状况的预报。

超前预报的方法主要有超前导坑预报法、超前钻孔测试法和工作面位移量测法等。

第七章 公路岩土工程地质勘察实践

第一节 复杂路段的勘察思路

山区地质环境十分脆弱，地质营力活跃，常因岩石风化、强降水、地震等自然因素或人类大型工程活动引发环境恶化和地质灾害，是地质灾害的易发区和频发区，这些地段也是山区公路建设、营运现代化管理最关注的地区和路段。为有效地开展山区复杂路段公路工程地质勘察，重点对滑坡路段、崩塌路段、泥石流路段、强岩溶化路段、渗漏路段、水库塌岸路段、矿山采空区路段等地质条件复杂路段的公路工程地质勘察技术方法进行论述和介绍。为便于公路工程地质勘察，分轻重缓急地处置地质条件复杂路段的不良地质现象和地质灾害，本书按地质灾害的危害程度和产生的后果，将地质灾害分为超大型、大型、中等和一般四级，见表 7-1。

表 7-1　复杂路段地质灾害按危害程度分级表

危害程度分级	分级指标
超大型灾害	人身财产损失超过 1 亿元者；或灾害损失超过工程总造价 35%者；或威胁人身安全超过 300 人者；或对建设项目方案有颠覆性影响
大型灾害	人身财产损失达 0.5 亿～1 亿元者；或灾害损失占工程总造价 10%～35%者；或威胁人身安全人数达 50～300 人者；或工程建设方案须进行重大设计变更
中等灾害	人身财产损失达 0.1 亿～0.5 亿元者；或灾害损失占工程总造价 1%～10%者；或威胁人身安全人数不足 50 人者；或工程建设方案进行局部调整或部分设计变更
一般灾害	人身财产损失不足 0.1 亿元者；或灾害损失占工程造价不足 1%者；或无人员安全问题；或对工程建设方案基本无影响

复杂路段的工程地质条件受特定地质因素制约，有一定发育特征和规律，勘察前

应充分收集、熟悉前人勘察成果，确定客观、合理的勘察思路，选择恰当的勘察方法和手段，因地制宜地开展工程地质勘察，地质条件复杂路段勘察旨在预防地质灾害的危害和影响，因此地质条件复杂路段的勘察成果应紧扣公路工程建设及防灾、减灾需要，并为预防、处置地质灾害服务。

地质条件复杂路段需要布置两阶段勘察，初步勘察阶段应根据区域地质规律查明复杂路段的地质地貌背景、地质环境、水环境特点以及相联系的地质灾害种类、分布、规模、活动性、发生发展机制，编制地质灾害危害程度分区图，评价地质灾害的危害性及危险性，为选定路线方案和绕避颠覆性地质灾害提供依据。

详细勘察阶段则针对审定的路线方案绕避地质条件不良地段，或处置病害以通过地质条件复杂路段进行较系统的综合勘察，为防灾、减灾设计或处置地质灾害提供完备的依据和参数，因此地质条件复杂路段详细勘察中的地质灾害勘察目的、任务与常规地质灾害详细勘察的目的和任务有一定区别。

第二节 滑坡及崩塌路段勘察

滑坡是斜坡坡体地质结构中欠稳定岩土体沿特定的滑移面或滑床长期、持续活动的地质现象。其中，滑床、滑面的形态特征，水环境，前缘抗阻条件变化，以及滑带土的结构、成分、物理力学性质等对滑坡活动性都有深刻影响。因此，评价滑坡滑面、滑床特征和滑带土的工程地质性质及特征是滑坡路段勘察的重点。

一、滑坡分类、分级及勘察方法

（一）滑坡分类、分级

滑坡分类、分级在滑坡灾害勘察评价中有具体而特定的防灾意义和价值。目前，各行业按斜坡坡体地质结构、滑面与岩层层面的空间关系、滑动的地质力学方式、滑坡活动时间及滑体体积进行了多种分类和分级。

1. 滑坡的主要类型
（1）滑坡按斜坡坡体地质结构及滑面特征分类，见表 7-2。

表 7-2 按斜坡坡体地质结构及滑面特征分类表

滑坡类型	斜坡坡体地质结构及滑面特征
土质滑坡	土体组成的斜坡，滑面呈圆弧形发育
岩质顺层滑坡	顺层岩质斜坡，滑面顺岩层层面发育
岩质切层滑坡	为坡体岩质结构，滑面切岩层层面发育

（2）滑坡按滑移的地质力学特征分类，见表 7-3。

表 7-3　按滑移的地质力学特征分类表

滑坡运动方式分类	滑移的地质力学特征
牵引式滑坡	前缘滑动，逐次引起后缘岩土体失稳滑动
推移式滑坡	后缘岩土体失稳，推动前缘岩土体滑动

（3）滑坡按发生的时代分类，见表 7-4。

表 7-4　按发生的时代分类表

滑坡类型	发生的时代
近现代滑坡	人类有记忆的滑坡（近 50 年左右）
老滑坡	全新世以来的滑坡
古滑坡	全新世以前的滑坡

（二）滑坡路段勘察方法

1. 按两阶段布置勘察

初步勘察阶段需要查明滑坡路段的区域地质背景、滑坡活动历史和过程、斜坡坡体地质结构、发生及发展机制、滑面与滑带土的工程地质特征及性质；评价滑坡对路线方案和构筑物安全的危害性、危险性，为路线方案选择服务。详细勘察则在初步勘察评价的基础上，结合构筑物安全开展针对性的勘察及采样试验、动态观测工作，判断滑坡的演进阶段及稳定状态，补充、分析滑带土等试验成果，并根据工况、荷载组合进行滑坡稳定性计算，评价滑坡的稳定性和滑坡产生条件，并根据滑坡稳定性，滑坡与构筑物的空间关系、滑坡对构筑物的危害强度，分段提出削坡减载、前缘反压、布设支挡工程或排水措施等工程建议。

2. 滑坡稳定性计算参数的选取

（1）滑坡稳定性计算应根据坡体地质结构、滑坡坡体特征等客观情况选择适宜的计算方法。值得注意的是：稳定性计算中选用的滑带土计算参数，无论是选取采样试验统计结果，还是地区经验值、反算值等，它们的客观性、代表性对滑坡稳定性计算结果有举足轻重的影响，因此应把合理、科学选取滑带土计算参数放在计算、评价的首位。

（2）滑坡稳定性计算应采用钻孔倾斜监测仪提取各勘探断面、不同地段滑体的滑移方向、滑移速度、滑移面位置及深度等边界条件进行计算和评价，以保障滑坡稳定性计算成果的客观性和准确性。

3. 滑坡稳定性计算的主要方法

滑坡稳定性计算方法根据滑坡类型和可能的破坏形式，可按下列原则确定：

（1）土质滑坡和较大规模的碎裂结构岩质滑坡宜采用简化的毕肖普法计算。

（2）对可能产生平面滑动的滑坡宜采用平面滑动法进行计算。

（3）对可能产生折线滑动的滑坡宜采用折线滑动法进行计算。

二、滑坡路段两阶段勘察

（一）滑坡路段初步勘察

1. 勘察范围

滑坡路段初步勘察的范围：各路线方案中与构筑物安全关系密切的滑坡或欠稳定斜坡路段。

2. 勘察精度及工作量

（1）滑坡、欠稳定斜坡工程地质测绘及工程地质纵横断面测量精度为 1 ： 500。

（2）沿主滑坡方向布设工程地质纵向勘探线 1 条，滑坡宽度超过 200m 时应增加纵向勘探线。纵向勘探线上端应达斜坡坡顶，下端至斜坡坡脚。

（3）勘探纵断面上的钻探工程程、轻型勘探工程不少于 5 个；勘探工程间距不超过 80m（条件复杂时应加密）；揭露深度达滑床以下稳定岩土体内 5 ～ 10m。

（4）垂直主滑方向布设横向勘探断面 1 条，横断面与纵断面交点应布设勘探钻孔，横断面钻探工程和轻型勘探工程不少于 5 个（勘探工程间距、揭露深度与纵断面要求一致）。

（5）浅井、坑探等轻型勘探工程量为勘探工程总量的 15%。

（6）稳定岩土体、滑坡体、滑带土分层采样试验。滑带土样品应逐钻孔、逐探坑采集和进行剪切试验，滑带土样品试验成果不少于 6 组。

（7）50% 以上钻孔进行声波测井和岩块弹性波测试。

（8）逐孔进行提钻后、下钻前地下水水位测量和终孔地下水水位测量。

（9）水环境复杂地段布设钻孔水文地质抽水试验 2 ～ 3 孔段，并采水样化验。

（10）布设地面物探方法探测，探测断面的位置及精度应与勘探断面一致。

3. 技术要求及评价内容

（1）开展 1 ： 500 工程地质测绘和工程地质断面测量，重点查明以下内容：

①发生滑坡地段和欠稳定斜坡的微地形地貌特征及滑坡的平面范围；

②坡体地质结构，岩土体的地层层位、岩性、产状、上覆土体、岩性、成因类型、叠置关系；

③坡面的各类变形现象、形态特征、分布、规模、滑体剪出现象、地下水溢出现象及位置；

④借助坑探、浅井描述滑床形态特征、位置、埋深以及滑带土的岩性、成分、厚度、饱水状态、黏塑性等；

⑤根据各类裂缝发育分布规律、组合关系，判断滑坡滑移的动力地质性质、发育演进阶段；

⑥查明滑坡发生的应力应变机制、诱发因素及稳定性趋势。

（2）调查滑坡发生发展历史、演进过程、近现代活动特点、诱发因素及危害性和危险性。

（3）结合滑坡的固有特征及现象，布设钻探工程、轻型勘探工程，揭露滑体、滑床、滑带土等滑坡要素。

（4）采样试验，提取滑体和滑带土的天然含水率、密度、塑限、液限、压缩系数、凝聚力、内摩擦系数等主要指标。

（5）沿工程地质勘探断面布设高密度电法、浅层地震或地探雷达等物探方法，验证滑坡体的厚度、滑床的形态特征、地下水赋存状况。

（6）埋置专门设备观测地表滑移变形的变形方向、变形速度，验证滑坡滑移变形的特点，确定滑移面发育位置及深度。

（7）结合坡体地质结构、变形现象及滑坡发育演进阶段，计算不同工况条件下，滑坡的稳定系数和欠稳定状态的剩余下滑力。

（8）根据滑坡路段的地质地貌背景、滑坡发生频率、群发特征及危害性，评价路线方案通过滑坡地段的可行性及风险。

（9）根据滑坡的活动性、危害程度及危险性，编制滑坡危害程度分区图，拟定绕避滑坡或提出处置滑坡的方案建议。

（10）结合路线方案，评价滑坡路段的适宜性或风险，提出防灾、减灾的建议。

4．主要成果

（1）滑坡路段初步勘察报告。

（2）1：2000 滑坡路段工程地质图。

（3）1：2000 滑坡路段工程地质纵横断面图。

（4）1：500 滑坡工程地质图。

（5）1：500 滑坡工程地质纵横断面图。

（6）钻探工程地质柱状图，轻型勘探工程展示图，岩、土、水试验报告，钻孔水文地质抽水试验综合成果表。

（7）各种统计表、汇总表。

（8）物探勘察报告及附图、附表等。

（9）滑坡变形现象动态观测记录、图册、旬报、月报、小结等。

（二）滑坡路段详细勘察

1．勘察范围

滑坡路段详细勘察的范围：通过路线方案的滑坡和欠稳定斜坡路段。

2．勘察精度及工作量

（1）滑坡、欠稳定斜坡路段工程地质测绘及纵横断面测量精度为 1：200～1：500。

（2）沿主滑方向和垂直主滑方向布设勘探网，勘探网间距：活动性及活动性有限的滑坡或欠稳定斜坡为 40～80m，具活动性并存在较严重后果的滑坡或欠稳定斜坡为 20～40m，活动性显著、致灾后果突出的滑坡不超过 20m。

（3）勘探网交点应有勘探钻孔，钻孔揭露深度达滑床以下稳定岩土体内 5～10m。

（4）浅井等轻型勘探工程量不少于勘探工程总量的 15%。

（5）稳定岩土体、滑体岩土体分层采样试验，分层采样试验成果不少于 6 组。

（6）滑带土、滑体内软弱夹层等分层采样试验范围应覆盖整个滑坡，滑带上剪切试验成果不少于 9 组。

（7）滑体内各类构筑物、地表变形现象、非滑坡区应布设地表动态测点不少于 10 处；滑坡主滑段及变形显著地段埋置钻孔测斜管 5～10 套，以开展深部动态观测；观测时间从勘察初期至病害处置结束后不少于一个水文年。

（8）设雨量检测站，观测记录强降水过程或持续降水时段的降雨量。

（9）逐孔进行提钻后、下钻前孔内地下水水位和终孔地下水水位测量。

（10）水文地质抽水试验和地下水水位动态观测 2～3 孔段，并采水样化验。

（11）沿纵横勘察断面布设高密度电法、浅层地震或地探雷达等地面物探，探测断面的精度及位置应与工程地质勘探断面一致。

3. 技术要求及评价内容

（1）开展 1∶200～1∶500 滑坡或欠稳定斜坡工程地质测绘和工程地质纵横断面测量，重点复核以下内容：

①滑坡地段的坡体地质结构、地层岩性、岩土体叠置关系等；

②滑坡变形现象、滑移速度、滑移距离、滑坡发展及演进阶段等初步勘察成果；

③滑带土岩性、分布、厚度、含水量、可塑性、矿物成分等。

（2）沿勘察线、勘察网的密度布设钻探、轻型勘探工程和物探，提高勘探工程对滑坡现象、滑坡坡体地质结构、滑床特征、滑带土分布及厚度、滑带连续性等的控制程度和准确性。

（3）结合地表和地下变形现象动态观测，验证滑坡变形方向、变形量、变形速度、滑移界面位置及特征，准确掌握滑坡活动的边界条件。

（4）统计滑带土样品试验成果和反算值、相同背景滑带土经验值，选取各勘探断面不同段落滑带土的黏聚力和内摩擦角等参数。

（5）分段计算各断面不同工程条件下的稳定系数和欠稳定条件下的剩余下滑力。

（6）统计抽水试验成果和地下水水位动态观测成果，评价地下水对滑坡稳定性的影响。

（7）根据滑坡对公路构筑物的危害程度，编制滑坡活动影响分区图，评价滑坡的威胁和危害，分段拟定滑坡处置工程措施建议。

（8）结合施工地质条件，提出施工工艺、施工顺序、施工安全、预支护施工措施等处置建议。

（9）评价滑坡对公路和构筑物安全的影响程度，并提出保障各类构筑物安全施工的措施建议。

4．主要成果

（1）滑坡路段详细勘察报告。

（2）1：2000 滑坡路段工程地质图。

（3）1：2000 滑坡路段工程地质纵断面图。

（4）1：500 滑坡工程地质图。

（5）1：500 滑坡勘察工程地质纵断面图。

（6）1：500 滑坡勘察工程地质横断面图。

（7）1：500 滑坡勘察动态观测布置图。

（8）滑坡变形现象动态观测报告及图册和观测记录。

（9）滑坡稳定性计算书。

（10）钻探工程地质柱状图，轻型勘探工程展示图，岩、土、水试验报告，钻孔水文地质抽水试验综合成果表，以及各类统计表、汇总表。

（11）地面物探报告及动态观测图册、观测记录、月报、季报、年报等。

三、崩塌路段勘察

崩塌现象是高、陡斜坡上岩体或岩块失稳、脱离山体下坠产生的重力地质现象，岩块崩塌产生的巨大冲击力常使遭冲击地段人身财产、各类构筑物蒙受巨大破坏或威胁，因此崩塌现象及灾害备受关注。

崩塌灾害是经危岩发展形成的，因此崩塌路段勘察的核心就是查明、评价斜坡上危岩的类型、分布、数量、规模、稳定性、危害性和危险性等。

（一）危岩分类、分级及勘察方法

1．危岩分类、分级

（1）危岩动力地质类型

根据危岩形成的斜坡坡体地质结构、变形破坏模式，可分为顺层滑落型、外倾结构面型、基座压碎型、房檐型等多种动力地质类型。

（2）危岩分级

危岩下坠具有自由落体的特点，冲击力和破坏性与危岩体的体积、下坠高度正相关。危岩按危岩体积和下坠高度分级为：

①按危岩体积可分为大、中、小、微型 4 级。

②按危岩下坠高度可分为特高位危岩、高位危岩、中位危岩和低位危岩 4 级。

大、中型高位危岩下坠的冲击能量极大，极易引起危岩下坠冲击区滑坡等欠稳定地质体发生次生地质灾害。查明危岩下坠冲击区地质环境的稳定性、岩土体类型、欠稳定地质体的工程地质性质及次生灾害的危害性等，也是崩塌路段勘察、评价的重要内容。

2．危岩勘察方法

（1）准确掌握危岩转变为崩塌灾害的主要地质要素

危岩动力地质类型、变形破坏模式、维持危岩稳定的地质因素以及发展演进阶段4个地质要素，全面、系统地反映了危岩向崩塌灾害转变的机制和过程，是崩塌路段勘察、评价的理论和实践基础，需要进行系统论述和评价。

（2）布置两阶段勘察

为了全面、准确地评价崩塌路段危岩转变为大型崩塌灾害的风险，崩塌路段应布置两阶段勘察。初步勘察以查明危岩发生的坡体地质结构、危岩的动力地质类型、变形失稳模型、发展阶段、维持危岩稳定性的地质要素、规模、坠落高度及危岩下坠冲击区及产生次生灾害的地质条件及风险等为主，编制崩塌灾害危害程度分区图，较准确、客观地反映危岩发生崩塌灾害的危害范围和危害严重程度，重要的防范区域，为拟定防灾绕避方案等提供可靠依据。

详细勘察阶段往往因绕避大、中型崩塌灾害而调整路线方案后，主要针对中低位、小型、微型危岩进行处置勘察。

（3）布设危岩智能监测系统进行灾害监测预警

根据危岩的动力地质类型、变形破坏模型和发展演进阶段，针对性地对变形张裂缝两侧、分离岩块等位置设置智能监测系统，开展全天候监测，掌握张裂缝张开、外倾结构面异动、基座压裂等变形现象的变化速度、幅度及方向，预测危岩变形发展动态，提高预警准确性。

（4）提高对崩塌次生灾害危害性的认识

经统计，危岩崩塌产生次生灾害的危害性常常超过崩塌灾害直接产生的危害，其中大、中型高位崩塌尤为严重，因此应提高崩塌次生灾害性的认识，并投入足够的工作量开展勘察、评价。

（二）崩塌路段两阶段勘察

1. 崩塌路段初步勘察

（1）勘察范围

崩塌路段初步勘察的范围：受危岩崩塌威胁的路段。

（2）勘察精度及工作量

①工程地质测绘及工程地质纵断面测量精度为1∶2000；危岩、卸荷带测绘及横断面测量精度为1∶500。

②工程地质横断面测量长度包括危岩至崩塌灾害威胁的范围，勘探点以轻型工程、地质观测点、刻槽采样点为主，数量不少于5个。

③危岩体和下伏软弱层岩体分层采样试验，分层试验成果不少于3组。

④卸荷带槽探、坑探数量不少于1处。

⑤简易动态观测点3～5个。

（3）技术要求及评价内容

①收集危岩区不同活动历史及灾害情况记录。

②开展1∶500～1∶2000工程地质测绘及地质断面测量。

③通过简易动态观测，掌握危岩的变化特征、稳定性变化速度及发展趋势。

④按编号逐块评价危岩变形发展阶段，产生不同和产生次生灾害的危险性。

⑤进行灾害危害程度分级，评价危岩崩塌对公路建设方案和构筑物安全的威胁及危害程度。

⑥拟定绕避大型危岩崩塌灾害的方案和依据；拟定清除危岩的建议。

⑦结合危岩崩塌的危害性、危险性，提出防灾、减灾的建议。

（4）主要成果

①崩塌路段初步勘察报告。

②1：2000崩塌路段工程地质图。

③1：200崩塌路段工程地质纵断面图。

④1：2000危岩至靶区工程地质横断面图。

⑤1：200危岩、卸荷带工程地质图。

2. 崩塌路段详细勘察

（1）勘察范围

崩塌路段详细勘察的范围：审定危岩、崩塌灾害范围及威胁的范用。

（2）勘察精度及工作量

①危岩至崩塌靶区路线工程地质测绘及工程地质纵断面测量精度为1：500。

②危岩体工程地质断面测量精度为1：100。观测点密度为每平方分米不少于4个观测点。

③危岩体至公路构筑物工程地质断面图范围：大小里程各端外延50m。

④危岩动态观测点、地质控制点数量：体积小于 $500m^3$ 为 2～3 个，体积超过 $1000m^3$ 不少于 5 个。

⑤体积 $1000m^3$ 以上危岩埋置测斜管等观测，动态观测时间为施工结束后 1 年。

（3）技术要求及评价内容

①用直接量测和仪器定位的方法复核危岩体体积、下坠高度、危岩动力地质类型及控制性结构面特征等初步勘察成果。

②开展卸荷带、危岩1：100工程地质测绘和1：500靶区的工程地质断面测量。

③分析评价危岩失稳的运动轨迹、崩落距离、岩块的冲击力及破坏性。

④布设观测仪器，掌握危岩的变形方向、变形速度、破坏界面位置等参数，定量评价发生崩塌灾害的危险性。

⑤分析、评价采矿活动对危岩发生、发展的影响。

⑥按编号逐块评价危岩的危险性，复核崩塌灾害危害程度分区图，评价崩塌对公路构筑物安全的威胁程度及引发次生灾害的可能性和危险性。

⑦根据危岩崩塌的规模、坠落高度、坠落引发灾害的可能性，拟定防灾、减灾措施。

⑧结合危岩崩塌灾害的危害程度，崩塌对公路工程安全、地质环境安全的影响，提出防灾、减灾的处置措施建议。

（4）主要成果

①崩塌路段详细勘察报告。

②1：2000崩塌路段工程地质图。

③1：200崩塌路段工程地质纵断面图。

④1：500危岩及影响区工程地质图。

⑤1：500危岩及影响区工程地质纵断面图。

⑥1：100～1：200危岩岩块工程地质图。

⑦1：100～1：200危岩岩块纵横断面图。

⑧危岩区、危岩岩块测量成果表及岩土试验报告。

第三节 泥石及岩溶流路段勘察

泥石流是一种山洪携带大量固体物质的洪流，极具摧毁力，是山区常见的地质灾害，对山区公路工程建设和安全的影响、威胁十分突出。它是山区公路工程地质勘察的重要不良地质现象。

一、泥石流分类、分级及勘察方法

（一）泥石流分类

（1）泥石流按固体径流发育的地质地貌环境，可分为沟谷型泥石流和坡面型泥石流两大类型，见表7-5。

表7-5 泥石流按固体径流发育的微地形地貌分类表

类别	沟谷型泥石流	坡面型泥石流
微地形地貌背景	流域沿冲沟呈狭长条形发育、分布，物源区、流通区、堆积区往往能明显区分	发生于斜坡坡面，流域呈斗状，物流区、流通区无明显分区，堆积区呈锥状分布

（2）按固体径流物质成分的特征，可分为黏性泥石流、稀性泥石流和水泥石流等，见表7-6。

表7-6 泥石流按固体径流物质特征分类表

类别	黏性泥石流	稀性泥石流	水泥石流
固体径流物质特征	固体占径流物质的40%～80%，含大量黏性土，稠度大，固体径流为搬运介质，岩块等呈悬浮状；爆发突然，破坏性大，堆积区成舌状或岗状堆积扇	固态物质占20%～40%水为主要搬运介质，岩块等以滚动或推移式运动为特点，对堆积区具强烈下切作用，呈散流状堆积	固体物质不足20%，在水搬运下滚动或推移运动，下切强烈，深切堆积扇等

（二）泥石流分级

鉴于泥石流灾害与泥石流沟的流域面积、固体物质数量（堆积体积只是其中的一部分）、泥石流沟长度及径流状况有关，根据公路勘察需要，按泥石流的固体径流速度、发育的流域面积、长度、堆积物体积、危害程度进行分级。

（三）泥石流路段勘察方法

1. 了解、掌握区域地质背景，泥石流灾害发生的动力地质特点及泥石流类型

（1）根据发生泥石流的地质环境、历史记录，准确了解泥石流类型、致灾特点和形式。

（2）查明固体径流的运动方式、途径，以及固体径流冲击、破坏地段与公路路线、构筑物的空间关系。

（3）为绕避灾害或防灾加固工程方案，编制勘察纲要指导勘察。

2. 布置泥石流路段两阶段勘察

（1）沟谷型泥石流路段勘察

初步勘察阶段应查明泥石流区地质地貌背景和条件、固体径流的主要类型、危害程度及灾害波及范围、不同地段灾害的强度等，并结合路线及构筑物布设情况编制泥石流危害程度分区图，准确反映泥石流对灾害、对路线及构筑物适宜性的危害和影响，并提出预防泥石流的工程地质方案建议详细勘察主要按跨越泥石流沟的大跨度桥位、防护工程、需要加固的各类构筑物开展综合勘察，定量评价泥石流灾害对公路工程各类构筑物拟建场地地质环境稳定性、地基地质条件、施工，地质条件的影响，为设计提供必备的地质依据和参数。

（2）坡面型泥石流路段勘察

针对坡面型泥石流特点，初步勘察须准确掌握发生条件与公路路线及构筑物的空间关系，绘制泥石流危害程度分区图，反映路线方案通过坡面泥石流的风险和危害性，为选定路线方案服务，详细勘察则以为设计防护工程提供必需的地质参数为主要目的。

3. 选择合理的调查、研究精度

不同的地质地貌背景产生泥石流的类型、规模有较大差异，为全面反映泥石流现象的全貌及影响，合理使用勘察资源，泥石流工程地质调查应选择适当的精度。

二、泥石流路段两阶段勘察

泥石流路段两阶段勘察内容以相对复杂的沟谷型泥石流方法为主，坡面型泥石流由于规模等有限，勘察方法、评价内容主要参见沟谷型泥石流的方法和内容。

（一）泥石流路段初步勘察

1. 勘察范围

泥石流路段初步勘察的范围：各路线方案的泥石流路段。

2. 勘察精度及工作量

（1）工程地质纵断面纵贯泥石流沟的物源区、流通区和堆积区等全流域。纵断面测量精度同工程地质测绘精度。

（2）泥石流沟的物源区、流通区、堆积区工程地质横断面测量精度为 1 ∶ 500。

（3）控制性横断面的钻孔、轻型勘探工程，现场试验及地质观测点不少于 5 个；钻探工程揭露深度应达稳定岩体内 5m。

（4）泥石流沟沟床及泥石流堆积层进行颗粒分析等大型现场试验，物源区、流通区、停积区各段现场大型实验成果不少于 3 组。

（5）各类岩土体分层进行渗水水文地质试验 2～3 处，并采集地表水、地下水样品化验。

（6）沿工程地质纵横断面布设地面物探测试，测试断面应纵贯泥石流沟物源区、流通区、堆积区，探测断面的位置及精度与工程地质断面一致。

3. 技术要求及评价内容

（1）收集近现代泥石流灾害发生历史、山洪引发固体径流的频率及危害程度，以及当地最大日降雨量、最大小时降雨量、降雨持续时间等资料和参数。

（2）开展工程地质测绘和工程地质纵横断面测量。

①查明沟谷型、坡面特征等泥石流发育的区域地质背景及频发和群发条件；

②查明泥石流发生的微地形地貌条件，岩土体的地层层位、岩性、渗透性等工程地质性质；

③查明物源区的范围、冲沟发育密度、切割深度、坡面岩石风化深度及浅部物质组成、粒度、级配、厚度、成因类型、失稳后致灾物质的数量及规模；

④查明流通区的微地形地貌特征、谷坡坡体地质结构及稳定性，以及山洪或固体径流物质运动方式、侵蚀特点、范围及强度等；

⑤查明堆积区固体径流停积、切割等叠置现象，对下游河谷岸坡、构筑物安全的危害性；

⑥根据固体径流运动特点和规律，固体径流发生的规模、危害特点和范围，按沟谷型或坡面泥石流灾害进行危害程度分级、分区，编制泥石流灾害危害程度分区图。

（3）结合泥石流物源区、流通区和堆积区的特点，沿工程地质勘探横断面布置勘探试验、物探，揭露各区堆积层的组成、岩性特征、渗透性、稳定性等参数。

（4）根据泥石流灾害危害程度分区图，评价固体径流对公路建设方案及构筑物布设地段安全的威胁和影响，提出路线方案优化建议。

（5）根据泥石流灾害危害程度分区图，评价固体径流对已建公路构筑物安全的影响，并提出防灾、减灾建议。

（6）拟定新建公路或已建公路改线绕避灾害的方案和依据，提出改桥、改隧通过的方案和依据，对影响有限的构筑物提出加固、预防的方案和依据。

（7）结合泥石流灾害的类型和危害性，提出处置方案的建议。

4. 主要成果

（1）泥石流路段初步勘察报告。

（2）1∶2000 泥石流路段工程地质图。

（3）1∶2000 泥石流路段工程地质纵断面图。

（4）1∶10000 泥石流灾害危害程度纵断面图。

（5）1∶10000 泥石流沟工程地质图或 1∶500 坡面泥石流工程地质图。

（6）1∶10000 泥石流沟工程地质纵断面图或 1∶500 坡面泥石流工程地质纵断面图。

（7）1∶500 泥石流沟物源区、流通区、停积区工程地质横断面图或 1∶200 坡面泥石流各段工程地质横断面图。

（8）钻探工程地质柱状图，轻型勘探工程展示图，岩、土、水试验报告，现场试验报告，渗水试验等水文地质现场试验成果或记录等。

（9）各种统计表、汇总表。

（10）地面物探勘察报告及附图、附表。

（二）泥石流路段详细勘察

1. 勘察范围

泥石流路段详细勘察的范围：泥石流病害、危害的公路工程构筑物及拟建场地。

2. 勘察精度及工作量

（1）工程地质测绘及工程地质纵横断面测量精度为 1∶500。

（2）结合已建公路构筑物防护工程布设勘探网，勘探网间距：泥石流灾害有限的简单地段为 20～40m，较复杂地段为 10～20m，固体径流影响显著的复杂地段不超过 10m；横断面钻孔，轻型工程数量不少于 3 个，钻孔揭露深度达稳定岩体内 5～1m。

（3）防护工程持力层试验成果不少于 6 组；土体样品试验增加抗剪试验；固体径流应增加现场大型颗粒分析试验。

（4）固体径流威胁的构筑物、防护工程，常年动态观测点不少于 5 个。

（5）已建构筑物防护区布设地表渗水试验和钻孔注水试验 2～3 个孔段，并采水样化验。

（6）沿防护工程纵横地质断面布设浅层地震或高密度电法等地面物探，测试断面的位置及精度应与工程地质勘探线一致。

3. 技术要求及评价内容

（1）复核泥石流沟的强降雨参数、山洪频率、固体径流的发生形式、危害范围及危害程度等初步勘察成果。

（2）开展 1∶500 工程地质测绘和工程地质纵横断面测量。

①定点复核沟谷型泥石流、坡面型泥石流发生的灾害性天气特点、最大日降雨量、最大小时降雨量以及降雨持续时间等资料；

②定点复核固体径流产生的物质来源、物质构成及结构特点；

③定点复核发生固体径流冲刷、侵蚀的范围、规模、强度等；

④定点复核固体径流物质的停积范围、环境，对停积区下游环境的影响；

⑤复核、完善泥石流灾害危害程度分区图，分区评价对新建公路或已建公路的影响。

（3）布设钻探工程和物探测试，揭露构筑物场地或防护工程布设地段的斜坡地质结构、地基地质条件及稳定性。

（4）统计岩土体样品试验成果，拟定构筑物和防护工程拟建场地的地基地质等岩土参数建议值。

（5）根据当地气象资料和动态观测，提出最佳施工季节、施工方法和工期。

（6）结合泥石流灾害处置工程的工程地质条件适宜性，提出保障施工安全、工程安全和维持地质环境安全的措施建议。

4. 主要成果

（1）总论部分

①泥石流路段详细勘察报告；

②1：2000 泥石流路段工程地质图；

③1：2000 泥石流路段工程地质纵断面图；

④1：10000 泥石流灾害危害程度分区图；

⑤1：10000 泥石流沟工程地质图（或 1：500 坡面泥石流工程地质图）；

⑥1：10000 泥石流沟工程地质纵断面图（或 1：500 坡面泥石流工程地质纵断面图）；

⑦1：500 泥石流沟物源区、流通区、停积区工程地质横断面图（或 1：200 坡面泥石流各段工程地质横断面图）。

（2）专论部分

①构筑物及防护工程勘察报告及附图、附件；

②1：500 泥石流沟公路构筑物及防护工程工程地质图；

③1：200 公路构筑物及防护工程工程地质纵断面图；

④1：200 公路构筑物及防护工程工程地质横断面图。

三、岩溶路段勘察

岩溶是地下水溶蚀、溶滤可溶岩中易溶盐形成的自然地质现象。它的形成和发展经历了漫长的地质历史，也普遍改变着可溶岩的完整性、均一性，是发生地面塌陷、岩溶水病害的地质背景和条件，深刻地影响着岩溶路段的水文地质和工程地质条件。

（一）可溶岩岩溶地质分类、岩体岩溶化程度分级及勘察方法

1. 可溶岩岩溶地质分类、分级

（1）可溶岩岩溶地质分类

受可溶岩岩性特征、出露条件、古气候环境，地下水活动规律以及区域地质地貌发育历史的影响，可溶岩岩溶发育有特定的特点和规律。根据岩溶现象的出露、埋藏

条件，可分为裸露型岩溶、浅覆盖型隐伏岩溶、深覆盖型隐伏岩溶和埋藏型岩溶4种岩溶地质类型。

经工程实践，岩溶路段发生的岩溶塌陷、地下水病害等不良地质现象，主要发生于裸露型强岩溶化岩体中和上覆土体厚度有限的强岩溶化隐伏岩溶分布地段，因此选择强岩溶化裸露型路段和浅覆盖型隐伏岩溶路段开展重点勘察，在公路工程中具有重要的工程意义和价值。

（2）可溶岩岩溶化程度分级

受可溶岩出露条件、易溶成分特点、古今地下水赋存、运移环境等因素制约，可溶岩中岩溶发育程度具有显著差别，根据可溶岩出露的岩溶地质特征、地貌景观、岩溶地质现象分布密度、钻探见洞率及隐伏岩溶地段岩土界面的坡角统计，可溶岩岩体岩溶发展程度或岩溶化程度可划分为极强岩溶化岩体、强岩溶化岩体、岩溶化岩体、弱岩溶化岩体四级，并用于评价岩溶化岩体对工程安全、施工安全和地质环境安全的影响。

2. 岩溶路段的勘察方法

（1）充分收集、熟悉前人勘察成果

①了解、掌握岩溶路段的区域地质背景、分布可溶岩的主要地层层位、岩性、易溶成分及岩体的可溶性、岩溶地质类型、分布里程及范围。

②复核路段一带的岩溶现象及主要景观的形态特征、规模、分布规律、可溶岩岩溶化的差异。

③分析已有成果中岩溶发育的控制因素，可溶岩的岩性、易溶成分对强岩溶化岩体的发育、分布规律的影响。

（2）开展岩溶地质、岩溶水水文地质调查，掌握路段岩溶发育规律

①查明可溶者含易溶成分夹层的分布特征，易溶成分夹层对岩溶地质现象发育、分布规律的影响。

②查明路段一带褶皱构造对可溶岩易溶成分夹层和相对隔水层出露分布的影响，对岩溶地质现象和岩溶水赋存环境的影响。

③查明断裂构造对褶皱完整性、地下，水运移条件及岩溶地质现象发育分布的影响。

④查明当地侵蚀基准面、可溶岩溶蚀基准面，古今变迁，以及人类大型工程活动对岩溶地质现象、岩溶水水文地质环境的影响。

⑤判明强岩溶化地质现象与公路路线、构筑物建设场地的空间关系，掌握岩溶地质现象、岩溶水水文地质条件影响的规律。

（3）运用岩溶地质规律布置岩溶路段勘察

①根据可溶岩岩溶地质类型、岩溶地质现象及分布特点对公路工程建设条件的影响和危害程度，将影响较广的裸露型和浅覆盖型隐伏岩溶地质类型作为岩溶路段的勘察重点。

②针对影响、危害公路建设条件的岩溶地质现象主要集中在强岩溶化岩体和强岩溶化地段，研究可溶岩岩溶化程度，进行岩溶化程度分级，勘察评价具有举足轻重的

工程意义和价值。

③结合路基工程、桥梁墩台和互通式立交工程地基地质条件对岩溶地质现象十分敏感的特点，应扩大勘察范围，掌握强岩溶化地段溶蚀现象的类型、规模、分布，评价对建设条件的影响。

④按隧道穿越山体的规模，开展一个完整水文地质单元的岩溶地质、岩溶水水文地质调绘，掌握山体地质结构、强岩溶化岩层及现象的分布地段里程，预判岩溶水、大型溶蚀洞穴对隧道建设施工和运营阶段的影响及危害。

（二）裸露型岩溶路段勘察

1. 裸露型岩溶路段初步勘察

（1）勘察范围

裸露型岩溶路段初步勘察的范围：各路线方案裸露型岩溶路段两侧各200～1000m。

（2）勘察精度及工作量

①岩溶地质及岩溶水水文地质调查精度为1∶10000。

②岩溶路段路线工程地质测绘及工程地质纵断面测量精度为1∶2000。

③工程地质横断面测量精度为1∶500。

④路基工程勘察、桥位勘察的勘察声波测井和岩块弹性波测量不少于钻孔总数的50%，隧址勘探应逐孔进行测量。

⑤岩溶路段各类构筑物涉及的岩土体分层采样试验，主要岩性岩体分层采样试验成果不少于3组；上覆土体按成因类型采样试验，并增加抗剪指标、膨胀性、压缩性等试验。

⑥水环境复杂的路基段、桥位区布设水文地质抽水试验2～3孔段；隧址强透水岩溶段勘察布设3个降深或最大泵量水文地质抽水试验不少于3孔段，并进行钻孔水位动态观测；所有抽水试验钻孔均采水样化验。

⑦路基工程、桥隧工程布设地段开展地面物探探测，探测断面的位置及精度应与工程地质断面一致。

（3）技术要求及评价内容

①复核前人勘察成果，掌握岩溶路段岩溶发育的区域地层背景，可溶岩的地层层位、岩性、岩溶发育的差异及强岩溶化岩体的地层层位、岩性和出露分布范围等。

②结合1∶10000岩溶地质、岩溶水水文地质调查成果，开展1∶2000路线工程地质测绘和工程地质断面测量。

③布设钻探工程和地面物探，揭露岩溶现象和强岩溶化岩体的出露、埋藏条件，统计各层位不同地段溶蚀现象的密度、埋藏分布特点及规律，钻探工程见洞率、岩溶溶蚀现象百分率及溶洞层、大型溶洞位置及高程，进行岩溶化程度分级。

④结合岩溶路段岩溶化程度分级，综合评价强岩溶化路段塌陷、地下水溢出对路基工程、桥位墩台布设地段地质环境稳定性和适宜性的影响。

⑤结合路基工程挖、填特点，综合评价强岩溶化岩体分布路段地基地质条件和边

坡稳定性，评价含泥外倾结构面对边坡稳定性的影响。

⑥结合桥位墩台位置岩体岩溶化程度，评价强岩溶化岩体溶蚀对桥位墩台稳定性、地基地质条件及施工，地质条件的影响。

⑦结合隧道洞身强溶化岩体出露里，程的溶蚀现象、溶洞层及大型溶洞位置、高程及规模，复核隧道围岩稳定性分级，预判施工阶段发生岩溶塌陷的范围及影响。

⑧根据隧址水文地质调查和钻孔水文地质抽水试验成果提取水文地质参数，计算、评价隧址的地下水资源最和地下水侵入隧道的灾害水量。

⑨结合隧道强岩溶化岩体出露里，程及水环境，分析隧道洞身段发生地下水灾害的条件、方式、里程及范围，预判地下水灾害对隧址施工、营运阶段的影响。

⑩评价强岩溶化岩体岩溶路段填筑地基、开挖边坡、布设桥梁墩台以及开挖隧道等对地质环境和水环境的影响。

⑪结合路线方案比选，提出优化路线平、纵曲线的建议及调整构筑物布设地段或构筑形式等优化建议。

⑫结合路桥隧及为互通工程布设地段特点，逐段评价路线地质环境的稳定性和适宜性；结合路桥隧等构筑物布设地段工程地质条件的适宜性，提出保障工程安全、施工安全和地质环境安全的建议。

2. 裸露型岩溶路段详细勘察

（1）勘察范围

裸露型岩溶路段详细勘察的范围：审定的裸露型岩溶路段各类构筑物拟建场地。

（2）勘察精度及工作量

①路基工程、桥位及互通工程匝道路基、匝道桥勘察。

第一，路基工程、桥位及互通工程地质测绘与工程地质纵断面测量精度为1：500，工程地质横断面测量精度为1：200～1：500。

第二，路基工程地质横断面间距不超过50m；横断面上的钻探工程、轻型勘探工程地质观测点不少于5个，钻探工程数量为2个以上；钻探揭露深度达完整、稳定岩体内3～5m，横断面长度达路幅外侧10m。

第三，桥位勘察桥台横断面不少于2条，双柱桥墩横断面不少于1条、薄壁墩不少于2条；横断面上勘探工程以钻探为主，每条横断面钻探工程数量不少于2个；钻探揭露深度达完整、稳定岩体内5～10m。

第四，50%以上路基工程和桥位勘察钻孔布设声波测井、岩块弹性波测量。

第五，路基工程、桥梁墩台持力层、上覆上体分层采样试验，分层采样试验成果不少于6组（含初勘试验成果）；下覆土体增加抗剪指标、压缩系数、自由膨胀率、膨胀压力等试验，并有20%静力触探、动力触探现场试验成果。

第六，水环境复杂路段路基工程和桥位勘察，布设3个降深或最大泵量钻孔水文地质抽水试验2～3孔段，并采水样化验。

第七，路基工程和桥梁墩台位置布设高密度电法等地面物探方法探测，探测断面的位置及精度应与工程地质断面一致。

②隧址勘察。

第一，进出口工程地质测绘及纵断面测量精度为1∶500。工程地质横断面测量精度为1∶200。横断面间距为5～10m；

第二，实测洞身工程地质纵断面测量精度为1∶500～1∶1000；

第三，通风井及附属构筑物拟建场地工程地质测绘精度为1∶500。通风井地层断面测量精度为1∶200～1∶500；

第四，隧道进出口勘察，横断面间距为3～5m，横断面上钻探工程、轻型勘探工程、地质观测点5个以上，勘探断面钻探工程等不少于2个；

第五，洞身段工程地质横断面间距不超过100m，每条横断面钻探工程不少于1个，钻孔揭露深度在设计隧道底板以下10m；

第六，通风井勘探试验深孔1个，勘探控制深度达隧道设计底板高程，需进行专门的钻探施工等工艺设计；

第七，隧址勘察逐孔分段进行声，波测井和岩块弹性波测试，并增加综合测井、孔内摄像、孔中电视等；

第八，洞身段按地下水富水单元进行钻孔水文地质抽水试验或压（注）水试验，抽水试验严格按3个降深或最大泵量要求进行，并测量终孔水位恢复曲线和采水样化验；

第九，洞身段所有钻探中，严格进行每回次提钻后、下钻前地下水水位测量和终孔后布设动态水位动态观测；

第十，沿隧址勘察纵横断面布设高密度电法、音频大地电磁法、频率域电磁法或瞬变电磁法探测深部岩溶发育现象和特征。

（3）技术要求及评价内容

①开展1∶500工程地质测绘和工程地质纵横断面测后，定点复核路基工程、桥位、隧道进出口强岩溶化岩体，定点验证各类岩溶地质现象的分布规律、密度、数量和规模等。

②根据各类构筑物场地强岩溶化岩体的出露、埋藏情况，沿横断面布设钻探工程、轻型勘探工程和物探，揭露和验证各类溶蚀洞穴、溶蚀带的位置、规模及高程，提高对强岩溶化岩体溶蚀现象发育特征、规律以及影响的控制程度和准确性。

③分类统计各类构筑物场地样品试验，完善路基工程程、桥位墩台地基地质参数和评价；细化隧道进出口、洞身以及通风井等围岩稳定性分级和评价。

④路基工程勘察评价。

⑤桥位勘察评价。

⑥互通工程评价（参见路基工程、桥位评价内容）。

⑦隧址勘察评价。

⑧评价公路工程构筑物施工，阶段弃渣场地质环境条件，并提出保障弃渣场安全的措施建议。

⑨结合强岩溶化路段公路工程各类构筑物的适宜性，提出保障施工安全、维护地质环境安全、水环境安全及生态环境安全的措施建议。

（三）浅覆盖型隐伏岩溶路段勘察

1. 浅覆盖型隐伏岩溶路检初步勘察

（1）勘察范围

浅覆盖型隐伏岩溶路段初步勘察的范围：各路线方案浅覆盖型隐伏岩溶路段两侧200～1000m。

（2）勘察精度及工作量

①浅覆盖型隐伏岩溶路段工程地质测绘及工程地质纵断面测量精度为1∶2000。

②工程地质横断面测量精度为1∶500。

③隧址区一个完整地质单元岩溶地质、岩溶水水文地质调查精度为1∶10000。

④50%勘探钻孔进行声波测井、岩块弹性波测量（隧址逐孔分段进行）。

⑤各种成因类型上覆土体和下伏岩体分层采样试验，各地层层位不同岩性分层试验成果不少于3组。各种成因类型土体随钻孔孔深连续采样试验，采样间隔为1.00m，要求不漏层连续采样深度为10～15m；

⑥水环境复杂路段布设3个降深或最大泵量钻孔水文地质抽水试验2～3孔段，并采水样化验。

⑦路基工程、桥位、互通工程及隧址勘察应布设物探，探测断面应与路段构筑物勘察的工程地质断面一致。

（3）技术要求及评价内容

①收集区域内前人勘察成果。

第一，收集地貌及岩溶发育的区域地质资料，掌握隐伏岩溶上覆土体的成因类型、分布、厚度、工程地质性质及稳定性；

第二，收集区域水文地质资料及成果，掌握近现代地下水赋存、运移条件等水环境特点；

第三，收集区域内地面塌陷现象的发生地带、范围及影响等；

第四，收集区域地质地貌发育历史，了解路段近现代地壳运动隆升、下降过程的特点和规律。

②开展浅覆盖型隐伏岩溶路段1∶2000工程地质测绘、纵横断面测量及1∶10000岩溶地质、岩溶水水文地质调查。

第一，查明上覆土体的成因类型、地层时代、岩性、厚度及工程地质性质；

第二，查明路段的微地形地貌特征、河流、冲沟发育情况、切割深度及影响；

第三，查明路段地面塌陷现象的位置、规模、数量、分布规律及滑坡等不良地质现象的发育情况；

第四，查明路段地表湿地、井泉分布位置、高程、水质、水量及动态特征；

第五，查明路段下伏岩体的地层层位、岩性、产状、岩溶化程度等；

第六，查明路段构筑物变形、失稳现象，收集大型工程建设经验。

③布设钻探工程及物探探测。

④统计上覆土体采样试验成果，试算高路堤地基沉降量，评价路基工程的地基地

质条件，推荐基础持力层、基础形式，拟定地基容许承载力、基底摩擦系数等。

⑤根据路基工程土质边坡的坡体地质结构、变形破坏模式，试算边坡稳定性，拟定边坡坡率及边坡防护建议。

⑥根据上覆土体厚度、承载力和下伏岩体埋藏条件、强岩溶化岩体分布、大型溶蚀现象分布情况，拟定桥位、墩台的适宜位置，确定墩台地基持力层、基础形式及基础埋置深度等。

⑦根据互通工程上覆土体分布及厚度变化、下伏强岩溶化分布特点和规律，评价、拟定主干道和匝道位置建议。

⑧根据隧道进出口边仰坡坡体地质结构，评价岩质边仰坡的稳定性，计算并评价土质边仰坡稳定性及影响，并提出保障进出口稳定的措施建议。

⑨根据物探成果、勘探钻孔试验参数统计资料，进行隧道洞身围岩稳定性分级，评价强岩溶化岩体分布隧道段的稳定性及影响。

⑩计算隧址区岩溶水天然补给量、天然排泄量，施工阶段疏干地下水涌水隧道的灾害水量，为隧道设计排水工程和预防地下水灾害提供水文地质依据。

⑪根据上覆土体的工程地质性质和土质边坡稳定性特点，评价开挖路基边坡、桥梁墩台施工边坡、隧道进出口边仰坡的稳定性和施工地质条件。

⑫结合路线浅覆盖型隐伏岩溶路段上覆土体和下伏强岩溶化岩体对工程安全的影响程度，拟定路线方案比选建议。

⑬结合浅覆盖型隐伏岩溶路段地质环境的适宜性，提出保障施工安全、工程安全及地质环境安全的建议。

2. 浅覆盖型隐伏岩溶路段详细勘察

（1）勘察范围

浅覆盖型隐伏岩溶路段详细勘察的范围：审定路线方案的浅覆盖型隐伏岩溶路段。

（2）勘察精度及工作量

①路基工程、桥位及互通工程匝道路基、匝道桥桥位拟建场地工程地质测绘及工程地质纵断面测量精度为 1：500。

②路基工程、桥位拟建场地地质横断面测量精度为 1：200～1：500。

第一，路基工程横断面间距：上覆土体厚度不足 10m 时，横断面间距不大于40m；上覆土体厚度超过 20m 时，横断面间距为 80～120m；上覆土体厚度为 10～20m 时，横断面间距为 40～80m。

第二，桥位勘察横断面位置及数量严格按桥型布设，桥台横断面 2 条，各角点应有钻孔控制；双柱墩每柱布设钻孔 1 个，薄壁墩横断面 2～3 条，每条横断面钻孔 2～3个；钻孔揭露深度达下伏完整稳定岩体内 10m。

第三，特大桥的桥塔、高墩等一律用勘探网控制，纵横断面间距为 10m，各点应有控制性勘探钻孔，钻孔揭露深度达下伏完整稳定的弱岩溶化岩。

第四，互通或立交工程路基、桥位勘察参见路基和桥位勘察，鉴于互通或立交工程路、桥交织，上跨、下穿位置的勘探工程应加密布置。

第五，隧址勘察进出口横断面5条，勘探断面的钻探工程、轻型勘探工程2～3个。

第六，洞身段工程地质横断面间距不超过100m，钻孔数量不少于1个；钻探工程揭露深度达隧道设计底板以下5～10m。

第七，通风井及附属构筑物勘察按勘探网控制，通风井需布设深孔，孔深达隧道底板高程，应进行钻探深孔施工工艺设计。

③如需路基工程、桥位勘探钻孔，可布设岩土体声波测试、岩块弹性波测试，或井中摄像、井中电视等。

④隧址勘察逐孔分段对各地层层位、不同岩性岩体进行声波测试和岩块弹性波测试，深孔布设综合物探测试和孔内成像、井中电视等。

⑤上覆土体和下伏岩体持力层分层采样试验。上覆土体按成因类型分层进行抗剪指标、压缩系数、自由膨胀率、收缩系数等测试，并有30%～50%静力触探、动力触探等现场试验成果，各路段分层试验成果不少于6组；各地层层位，相同岩性岩体采样试验成果不少于6组。

⑥路基工程、桥梁墩台及隧址等水环境复杂路段布设3个降深和最大泵量钻孔水文地质试验和水文地质动态观测2～3孔段，并采水样化验。

⑦路基工程勘探、桥位勘察、隧址勘察布设地面物探，探测断面的位置及精度应与工程地质断面一致。

（3）技术要求及评价内容

①结合各类构筑物拟建场地地质环境稳定性、适宜性评价，地基地质条件和施工地质条件评价，开展1：500工程地质测绘和工程地质断面测量，全面复核浅覆盖型隐伏岩溶路段上覆土体的工程地质性质及稳定性，下伏可溶岩岩溶发育程度、岩土界面一带岩土体的地质特征、不良地质现象对构筑物拟建场地工程地质条件影响等初步勘察成果。

②结合各类构筑物增大勘探线密度及勘探工程数量，揭露、验证上覆土体出露分布特点、厚度、软弱夹层数量及埋藏条件，岩土界面特征、界面起伏现象，下伏岩体的岩性、溶蚀岩体埋藏范围和岩溶化程度等，提高场地工程地质条件的准确性认识。

③结合路基工程、桥位墩台拟建场地和隧道进出口稳定性评价，分段分层统计岩土体采样试验成果。

④分段计算浅覆盖型隐伏岩溶路段路基拟建场地上覆土体的地基沉降量，评价路基工程的地基地质条件；分段计算土质边坡和施工边坡稳定性，评价施工地质条件；拟定地基容许承载力、基底摩擦系数、边坡坡率及边坡防护建议。

⑤编制桥位墩台工程地质展示图或纵横断面图，评价桥位墩台的地基地质条件，推荐适宜的墩台持力层、基础形式、基础埋置，深度及施工地质建议。

⑥复核隧道洞身围岩分级成果，补充、完善强岩溶化岩体或断裂构造洞身段围岩分级和稳定性评价，提高洞身变形、塌陷预测的合理性和准确性。

⑦复核水文地质调查成果、钻孔水文地质试验及动态观测资料，验算水资源量和病害水量，提出地下水病害防治的措施建议。

⑧评价隧道施工排水、疏干地下水对地质环境和水环境的影响。

⑨结合浅覆盖型隐伏岩溶路段各类构筑物的适宜性，以及公路施工对地质环境的影响，提出保障工程安全、地质环境安全的措施建议。

第四节　隧道施工阶段大型溶洞一次性勘察

强岩溶隧道工程施工阶段常与大型溶洞等不期而遇，为保障工程安全和施工安全，需要对洞内复杂的地形地质环境开展专门的一次性工程地质勘察，定量评价地质环境的稳定性、适宜性、地基地质条件、施工地质条件和对运营阶段安全的影响。开展大型溶洞的一次性专门勘察的勘察深度、广度应达到详细勘察规定要求，以便为处置大型溶洞不良地质现象和问题提供施工图设计依据和参数。

一、大型溶洞分类、分级及勘察方法

（一）大型溶洞分类、分级

（1）大型溶洞发育的地质条件或成因十分复杂，按形成的地质条件复杂程度可划分为复杂、较复杂、相对简单3种类型，见表7-7。

表7-7　大型溶洞按地质条件复杂程度分类表

地质条件复杂程度分类	大型溶洞发育的地质条件
复杂	多条断裂交汇带的溶洞，或与大型断裂带有关的古生界可溶岩中的大溶洞，或受多期地质构造影响发育的大溶洞
较复杂	受断裂构造影响有限的古生界可溶岩中的大溶洞，或与断裂构造有关的中生界可溶岩中的大溶洞
相对简单	沿中生界可溶岩层顺层发育的溶洞

（2）大型溶洞可按洞顶坍塌后果、地下水病害、地基地质条件和偏压现象复杂程度进行分级。

①大型溶洞按洞顶坍塌后果可分为严重、较严重、有限三级，见表7-8。

表 7-8　大型溶洞按洞顶坍塌后果分级表

洞顶坍塌后果分级	地质条件复杂程度	坍塌条件及现象	勘察及处置意见
严重	复杂	多组结构面切割，坍塌掉块频率高、规模大、危险性大	综合勘察、全面治理
较严重	较复杂	在强震等因素影响下部分地段坍塌掉块频率较高，存在较大危险性	综合勘察、分段重点治理
有限	相对简单	在强震下，偶有掉块、坍塌，危险有限	针对性勘察和预防性处置

②大型溶洞按地下水病害等水环境影响程度分为严重，较严重、有限三级，见表 7-9。

表 7-9　大型溶洞按地下水病害等水环境影响程度分级表

地下水病害分级	水环境条件	处置建议
严重	近现代溶蚀基面以下、地下水水平循环带内	以排为主
较严重	近现代溶蚀堆面一带、地下水季节变动带内	排堵结合
有限	近现代溶蚀基面之上的地下水补给区、地下水运动垂直循环带内	完善排水系统，以堵为主

③大型溶洞按地基地质条件复杂程度可分为复杂、较复杂和良好三级，见表 7-10。

表 7-10　大型溶洞按地基地质条件复杂程度分级表

地基地质条件复杂程度分级	洞底地形及洞内堆积层特点
复杂	新填筑土或饱和淤积层，沉降时间短，结构松散、孔隙率高、不均匀，未夯实，沉降量大，在水的作用下稳定性复杂
较复杂	洞底平坦，土堆积层相对密实，具一定分选件和承载力，有成层性，仇岩相及厚度变化大，稳定性受地下水等影响
良好	土堆积层厚度极限或溶洞洞底岩体裸露，路基及衬砌的地基地质条件好

（二）隧道施工阶段大型溶洞一次性勘察方法

1. 准确测量、复核洞穴的各地质要素

（1）复核大型溶洞所处的区域地质环境，褶曲的规模、性质、轴向、完整性和断裂性质、规模、产状、数量等；

（2）控制大型溶洞的形态特征、延伸方向、洞高与隧道的空间关系；

（3）查明洞底堆积层岩性、厚度、分布范围、粒度、级配、密实度、胶结情况及渗透性等；

（4）查明地下水溢出位置及高程、溢出口涌水量，地下水物理性质，地下水排泄方式、排泄口高程以及排泄量；

（5）分析、查明、评价洞顶坍塌的控制性因素、继续坍塌的可能性和潜在危害，隧道洞壁偏压现象、严重程度及其里程，洞体地基地质条件，地下水等水环境条件等。

2. 布设一次性专门勘察

（1）定量评价大型洞穴洞顶坍塌、隧道偏压、地基地质条件及防排水条件。

（2）评价隧道通过大型洞穴的施工地质条件，提出施工阶段和运营阶段的安全保障措施建议。

（3）编制勘察报告，为施工图设计处置大型溶蚀洞穴地质问题提供必备的地质依据和参数。

二、岩溶路段大型溶洞一次性处置勘察

（一）勘察范围

岩溶路段大型溶洞一次性处置勘察的范围：施工阶段洞径大于 40m，或隧道设计底板高程以下深度超过 10m 的溶洞。

（二）勘察精度及工作量

（1）洞穴顶、底板及两壁地形测量精度为 1：500。

（2）洞体两壁及洞底工程地质测绘和工程地质纵横断面测量精度为 1：500。

（3）沿隧道衬砌设计位置各布设工工程地质横断面 1 条，与工程地质横断面构成勘探网。

（4）工程地质横断面间距：条件单一、非断裂控制的无堆积层和无地下，水影响的洞穴段，横断面间距为 20m；有堆积层和地下水的较复杂洞穴段，横断面间距为 10～20m；存在地下水和断裂影响、有掉块的复杂洞穴段，横断面间距不超过 10m。

（5）横断面上的地质观测点、钻探工程、触探孔数量不少于 5 个；纵横断面交点应有钻孔，钻孔揭露深度达完整稳定岩体内 5～10m。

（6）洞穴堆积层布设现场大型颗粒分析试验和触探试验，现场试验不少于 3 个以上。

（7）水文地质抽水或注水试验 2～3 处。

（8）沿工程地质纵横断面布设高密度电法、浅层地震等物探方法，探测断面的位置和精度应与工程地质断面一致。

（三）技术要求及评价内容

1. 开展 1：500 工程地质测绘和断面测量

（1）定点控制大型洞穴的形态特征、发育高程及规模；

（2）查明洞壁、洞顶岩体的地层层位、岩性、产状、完整性等；

（3）查明洞底堆积层的成因类型、岩性、粒度、级配、密实度、胶结情况、渗透性、叠置关系等；

（4）查明地下水溢出的水量、水化学和物理特征以及洞内的出露条件及排泄环境；

（5）观测、掌握洞穴发育的地质因素和洞顶稳定性的控制因素，可溶岩岩性、断裂构造性质、规模数量、组合特征等；

（6）判断大型洞穴近现代发育特征、发生大型坍塌的可能性和危险性。

2. 定点观测地下水露头的出露特点、高程、涌水量、流向等

判断洞穴内地下水赋存、运移条件与当地侵蚀基面和溶蚀基面的联系，拟定维护水环境的建议和措施。

3. 通过钻探、物探

揭露大型溶洞堆积层的岩性、岩相、厚度、底板埋深、高程、岩土界面特征等路基持力层、路基边坡化的地质环境。

4. 布设现场大型试验、动力触探、静力触探及渗（注）水试验

掌握溶洞堆积层的物质组成、密实度、渗透性及承载力等堆积层工程地质性质，评价地基地质条件，拟定加固处置的措施建议。

（四）主要成果

（1）大型溶洞处置勘察报告。
（2）1：2000大型溶洞路段工程地质图。
（3）1：2000大型溶洞路段工程地质纵断面图。
（4）1：200～1：500大型溶洞工程地质图。
（5）1：200～1：500大型溶洞工程地质纵横断面图。
（6）钻探工程地质柱状图、现场大型试验、渗水试验、超重动力触探、静力触探记录及成果。

第五节 其他公路岩土工程地质勘察

一、岩石风化路段勘察

岩石风化是岩体经内外地质营力作用改变岩体结构、构造、成分的一种自然地质现象。它破坏岩体的完整性和均一性，使岩体强度、工程地质性质和稳定性降低同时，由于夹层风化和囊状风化类型具有一定的隐伏性，常是勘察关注的重点。此外，在施工基坑开挖中，部分岩体还会因释放位能、暴气、曝光、遇水等原因，迅速改变岩体结构、构造、强度和稳定性。岩石风化现象和抗风化能力较弱岩体是影响公路建设最普遍的地质问题之一。

（一）岩石风化类型分类、风化程度分级及岩石风化路段勘察方法

1. 岩石风化类型分类、程度分级
（1）岩石风化类型
根据岩石风化的地质背景条件、主要控制地质因素、形态特征等岩石风化类型，

可分为层状风化、夹层风化和囊状风化3种类型。

（2）岩石风化程度分级

根据岩石风化后的结构、构造、矿物成分以及风化岩石与新鲜岩石纵波速比等，将岩石风化程度划分为全风化、强风化、中风化和微风化及新鲜岩石4级。

2. 岩石风化路段勘察方法

（1）了解、掌握岩石风化路段的区域地质背景，研究、评价路段出露的岩石风化类型、岩体风化程度、各类风化岩石的风化特征及工程地质性质。

（2）研究、掌握风化岩石中岩体原生地质构造、断裂构造以及岩脉等对岩体完整性、均一性、渗透性和稳定性的影响及对岩石风化程度的影响。

（3）初步勘察阶段绘制夹层风化带或囊状风化现象危害程度分区图，评价夹层风化带与囊状风化现象对构筑物地基地质条件、施工地质条件的危害。

（4）详细勘察阶段，对夹层风化现象、囊状风化现象等复杂地质因素的影响开展综合勘察，评价风化现象对构筑物的影响。

（5）关注易风化岩石迅速风化现象对基坑安全、施工安全的影响。

（二）岩石风化路段两阶段勘察

1. 岩石风化路段初步勘察

（1）勘察范围

岩石风化路段初步勘察的范围：各路线方案岩石风化路段轴线两侧200m。

（2）勘察精度及工作量

①岩石风化路段工程地质测绘及工程地质纵断面测量精度为1：2000。

②工程地质横断面测量精度为1：500。

③50%的勘探钻孔进行声波测井、岩块弹性波测试。

④不同岩性、不同风化程度岩石分层采样试验，全强风化岩石出露段应有30%以上静力触探、动力触探现场试验和全强风化岩石抗剪试验；各层位、不同岩性、不同风化程度样品试验成果和现场试验成果不少于3组。

⑤不同风化程度的路段布设钻孔水文地质抽水试验2～3孔段，并采水样化验。

⑥复杂风化路段布设物探方法探测，探测断面应与工程地质断面的精度一致。

（3）技术要求及评价内容

①开展岩石风化路段1：2000工程地质测绘和工程地质纵横断面测量。

②沿工程地质横断面布设勘探工程物探和轻型勘探工程，揭露各类风化岩石的结构、构造和各种风化岩石的出露厚度界面特征，测量地下水水位等水文地质现象。

③按岩石风化程度分层统计岩土体试验成果和现场试验成果，评价不同风化程度路段的地基地质条件。

④提取岩土体抗剪指标和地区经验值，计算、评价全风化路段路基边坡的稳定性；初步拟定路基不同条件的边坡坡率和防护方案建议，结合岩石风化界面、岩体原结构面特征，评价强风化岩质边坡稳定性。

⑤评价桥梁墩台的地基地质条件，初步拟定墩台持力层、基础形式、基础埋置深度、施工方法等建议。

⑥结合风化岩石界面特征、岩体原结构面，评价隧道进出口边坡稳定性和施工地质条件。

⑦评价强风化岩石囊状风化现象（断裂构造、裂隙密集带等）对隧道洞身围岩稳定性的影响。

⑧按工程地质条件的优劣，评价路线方案地质环境，提出路线方案比选的优化建议。

⑨结合岩石风化路段工程地质条件的适宜性，提出保障工程安全、施工一安全和维护地质环境稳定性的建议。

2. 岩石风化路段详细勘察

（1）勘察范围

岩石风化路段详细勘察的范围：审定路线方案的岩石风化路段路线轴线两侧200m。

（2）勘察精度及工作量

①路基工程、桥位拟建场地工程地质测绘和工程地质纵断面测量精度为1：500，工程地质横断面测量精度为1：200。

②所有的勘探钻孔均要求布设声波测井和原岩岩块弹性波测试。

③全风化岩石（残积土）、强风化岩石和中风化岩石分层采样试验，全风化残积土分层试验提取抗剪指标、压缩系数、自由膨胀率、收缩系数等指标，并有50%静力触探、动力触探等现场试验；路段及构筑物分层试验成果不少于6组。

④水环境复杂地段布设5孔段钻孔水文地质抽水试验和水位观测，并采水样化验。

⑤沿路段工程地质纵断面和重要横断面布设物探，探测断面的位置及精度应与工程地质断面一致。

（3）技术要求及评价内容

①结合各类构筑物拟建场地岩石风化类型、岩石风化程度等对工程地质条件适宜性的影响，开展1：500工程地质测绘和工程地质断面测量，复核、完善初步勘察成果。

②结合各类构筑物拟建场地工程地质条件定量评价，针对性地布设钻探工程、轻型勘探工程及物探的密度和数量，提高勘察对拟建场地岩石风化程度、厚度、风化界面埋藏条件的控制程度和准确性。

③根据各类构筑物工程地质条件定量评价要求，分层统计各类岩土体物理力学指标。

④分段评价全、强风化岩石边坡的稳定性，拟定边坡坡率、边坡防护工程建议，提供支挡工程地基容许承载力等建议值。

⑤编制桥梁墩台地基地质条件随深度增加的地基地质参数变化曲线，推荐适宜的墩台持力层、基础形式、基础埋置深度，拟定保障施工安全的方法、工艺建议。

⑥评价各隧道进出口边坡稳定性，建议适宜的边坡坡率及防护工程。

⑦复核隧道围岩稳定性评价成果，补充、完善强风化岩石、断裂带等对围岩稳定性影响的评价，提出保障施工安全的措施建议。

⑧预测地下，水渗入对路基边坡、桥位墩台施工基坑边坡和隧道进出口边仰坡稳定性的影响，并提出防排水措施建议。

⑨结合岩石风化路段各类构筑物拟建场地工程地质条件的适宜性，提出保障工程程安全、施工安全和维护地质环境的措施建议。

二、渗漏路段勘察

渗漏路段是指隧道等地下工程与山区大型水库、溪流、湖泊、沼泽、湿地等水表水体共有一个或数个强渗透性岩层时，由于开挖地下工程引发大型水库、溪流、湖泊、沼泽、湿地等地表水体严重渗漏或疏干的路段。鉴于开挖地下工程引发大型水库、溪流、湖泊、沼泽、湿地等地表水体发生渗漏具有相似的水文地质机理和模型，渗漏路段勘察内容论述以公路隧道引起的水库渗漏现象进行介绍。

（一）岩土体渗透性分级及渗漏路段勘察方法

1. 岩土体渗透性及水库规模分级

（1）渗漏水体分类

因地下工程和隧道工程引发地表水体渗漏和疏干现象的水体，主要有湖泊、溪流和水库等天然水体和人工水体两大类。

（2）岩土体渗透性及水库规模分级

①岩土体按渗透性或透水率分为极微透水层、微透水层、弱透水层、中等透水层、强透水层和极强透水层 6 级。

②山区水库按水库库容规模分为超大型、大型、中型、小型、小型 5 级。

2. 渗漏路段勘察方法

（1）收集、复核已有水库及已有的水文地质成果

①收集区域水文地质和水库勘察成果，较全面、准确地掌握渗漏路段地质构造特征、隧道等地下工程与水库库盆共有渗透岩层地层层位、岩性、厚度、渗透性等水文地质背景。

②开展隧道等地下工程与水库库盆区的专门水文地质测绘，核实前人成果。

③按不同勘察阶段的勘察目的和特点，编制初步勘察阶段和详细勘察阶段的渗漏路段勘察纲要来指导勘察。

（2）渗漏路段两阶段勘察

①初步勘察：开展水库库盆水文地质工程地质测绘和断面测量，掌握公路隧道与水库库盆出露的地层层位、岩性、产状、地质构造部位、岩层渗透性等水文地质条件；沿公路隧道与地表水体连线布设勘探断面，进行钻孔水文地质钻探试验和地下水动态观测，提取库岸岩体的水文地质参数，计算开挖隧道引起水库库水的渗漏，评价地下工程对水库安全的影响及风险。

②详细勘察：在定点复核初步勘察成果的基础上，垂直库水渗漏方向布设大比例尺渗漏断面，布置勘探工程和钻孔压水试验，掌握、控制渗透性岩层的分布和渗透性

等，为施工图设计布设防渗处理工程提供防渗范围、强渗透层位置、渗透系数、厚度及埋藏条件等水文地质依据和参数。

（二）水库渗漏路段两阶段勘察

1. 水库渗漏路段初步勘察

（1）勘察范围

水库渗漏路段初步勘察的范围：隧道工程可能引发水库库岸发生水库水渗漏的地段。

（2）勘察精度

①公路路线工程地质及工程地质纵断面测量精度为 1 ∶ 200。

②水库库岸至渗漏路段水文地质测绘精度为 1 ∶ 10000，测绘范围包括水库最高洪水水位至库盆底部。

③水库库岸水文地质纵断面（垂直水位线的断面）测量间距为 100 ～ 200m，数量为 2 ～ 3 条；断面上以水文地质观测点和水文地质钻孔为主，每条断面工水文地质钻孔不少于 2 个；钻孔揭露深度达水库库盆底部高程。

④水文地质钻孔终孔孔径不小于 130mm，进行 3 个落程或最大泵量水文地质群孔抽水试验和分层抽水试验，每个落程水位降深不少于 10m，每个落程稳定时间 8h，并布设相邻钻孔抽水试验的地下水水位动态观测。

⑤钻孔施工，应进行提钻后、下钻前钻孔水位观测。

⑥沿水库库岸和水文地质纵断面布设高密度电法等物探方法，探测断面的精度及位置应与水文地质断面一致。

（3）技术要求及评价内容

①系统收集、完善水库运行资料及水库勘察的地质成果。

②结合新建隧道对水库防渗的影响和兴建水库对已建公路隧道的影响，开展 1 ∶ 2000 路线工程地质测绘、断面测量和 1 ∶ 10000 水库库岸水文地质调查。

③分析水库、井泉、渗漏隧道地下水水质特征，判断水库向隧道工程渗漏的水文地质条件。

④有侧重地开展水文地质分层抽水试验，提取强渗透岩体的水文地质参数，验证水文地质调查成果，编制水库库岸渗漏路段工程地质纵断面图，计算地表水体渗漏量，预判水库等水体发生渗漏的可能性及主要途径。

⑤结合水库库岸水文地质图、水库库岸渗透路段工程地质纵断面图等成果，评价新建隧道对水库库岸防渗环境的影响，有针对性地提出隧道方案的调整建议。

第八章 特殊条件下的岩土工程勘察实践

第一节 建设场地地下水的勘察

特殊条件下的岩土工程勘察主要是指建设场地地下水勘察、不良地质作用和地质灾害及特殊性岩土的勘察，它是在普通勘察基础上针对特殊条件而进行的勘察，由于地下水、不良地质作用和地质灾害及特殊性岩土会给建筑工程造成各种岩土工程问题，直接影响建筑物的安全、经济和正常使用，因此总体上要求勘察工作要更加细致和具有针对性，勘探工作量将增大。

在工程建设中，地下水的存在与否与建筑工程的安全和稳定有很大的影响。地下水在岩土工程勘察、设计和施工过程中始终是一个极为重要的问题，地下水既作为岩土体的组成部分直接影响岩土性状与行为，又作为工程建筑物的环境，影响工程建筑物的稳定性和耐久性。由于地下水会对岩土体及建筑物（或构筑物）产生作用以及对工程施工，带来各种问题，所以在岩土工程勘察时，应着眼于建筑工程的设计和施工需要，提供地下水的完整资料，评价地下水的作用和影响，预测地下水可能带来的后果并提出工程措施。

一、地下水在工程建设中的作用

（一）地下水的静水压力及浮托作用

地下水对水位以下的岩土体有静水压力的作用，并产生浮托力。静水压力对岩土体的作用体现在进行基底压力和土压力计算时应考虑地下水静水压力的影响。当岩土体的节理裂隙或孔隙中的水与岩土体外界的地下水相通时，其浮托力应为岩土体的岩石体积部分或土颗粒体积部分的浮力。

确定地基承载力设计值时，无论是基础底面以下的天然容重还是基础底面以上土的加权平均容重的确定，地下水位以下均取有效容重。一般来说，土体的有效容重是饱和容重的 1/2，由此可知，有地下水存在时，由于地下水对土体的浮托力的作用，土体的有效质量将减轻 50%。

（二）地下水的潜蚀作用

潜蚀作用通常产生于粉细砂、粉土地层中，即在施工降水等活动过程中产生水头差，在动水压力作用下，土颗粒受到冲刷，将细颗粒冲走，使土的结构遭到破坏。产生潜蚀作用的条件如下：

（1）当土的不均匀系数 $d_{60}/d_{10} > 10$ 时易产生。

（2）当上下两土层的渗透系数 $K_1/K_2 > 2$，且其中一层为粉土或粉细砂层时，在两土层界面处易产生。

（3）当渗透水流的水力坡度大于产生潜蚀的临界水力坡度时易产生。

（三）流砂现象

流砂现象通常也是在粉细砂和粉土地层中产生，即粉细砂和粉土被水饱和产生流动的现象，易产生流砂的条件如下：

（1）水力坡度大于临界水力坡度时，即动水压力超过土粒重量时易产生流砂。

（2）粉细砂或粉土的孔隙度愈大，愈易形成流砂。

（3）粉细砂或粉土的渗透系数愈小，排水性能愈差时，愈易形成流砂。

（四）基坑突涌

当基坑下部有承压水层时，应评价基坑开挖所引起的承压水头压力，破坏基坑底板造成突涌的可能性，通常是按压力平衡进行验算的。黏土层底部单位面积上受到承压水的浮托力为 $\gamma_w \cdot h$，农基坑坑底单位面积上的土压力为 $\gamma \cdot H$，若基坑坑底底面土压力小于浮托力，即

$$\gamma_w \cdot h < \gamma \cdot H \qquad （式8-1）$$

则槽底的黏土层可能被承压水拱起而破坏。

（五）地面沉降

在进行基坑降水或工程排水时，在地下水位下降的影响范围内，应考虑由于排水是否能够造成地面沉降及其对工程和邻近建筑物的危害。特别是对于欠固结饱和土体以及部分正常固结的饱和土体，地基所受的总应力（上覆压力）不变，而随着水位的降低，孔隙水压力逐渐减小，反之，引起地基土层压缩的有效应力则逐渐增大，从而引起土层压缩，导致地面沉降。

此外，在验算边坡稳定性以及挡土墙压力时，应考虑地下水及其动水压力的不利影响。在基坑疏干排水时应对土的渗透性、涌水量进行计算与评价。

（六）水和土对建筑材料的腐蚀性

建筑工程的基础通常都埋于地下，周围的上和地下水中的有害离子成分，会对建筑物的混凝土和钢筋产生腐蚀作用。这种腐蚀作用对建筑材料的危害很大，尽管在建筑设计时，考虑到水和土对建筑物的腐蚀作用，采取了相应的防护措施，但仍然会对建筑物造成破坏，严重时会影响建筑物的安全与稳定。

第二节　不良地质作用和地质灾害勘察

一、危岩和崩塌勘察

斜坡岩土体被陡倾的拉裂面破坏分割，突然脱离母体而快速位移、翻滚、跳跃和坠落下来，堆于崖下，即为崩塌。按崩塌的规模，可分为山崩和坠石。按物质成分，又可将崩塌分为岩崩和土崩。大小不等、凌乱无序的岩块（土块）呈锥状堆积在坡脚的堆积物，称崩积物，也称岩堆或倒石堆。

崩塌的特征是：一般发生在高陡斜坡的坡肩部位；质点位移矢量铅直方向较水平方向要大得多；崩塌发生时无依附面；往往是突然发生的，运动快速。崩塌还分为三类：

Ⅰ类——规模大，落石方量大于 $5000m^3$ 破坏力强，破坏后果很严重。

Ⅱ类——规模较大，介于Ⅰ类与Ⅲ类之间，破坏后果严重。

Ⅲ类——规模小，落石方量小于 $500m^3$，破坏力小，破坏后果不严重。

（一）工程地质测绘

（1）危岩和崩塌地区勘察以工程地质测绘为主，测绘的比例尺宜采用 $1:500 \sim 1:1000$；崩塌方向主剖面的比例尺宜采用 $1:200$。

（2）崩塌区的地形地貌及崩塌类型、规模、范围，崩塌体的大小和崩落方向。

（3）崩塌区岩体的基本质量等级、岩性特征和风化程度。

（4）崩塌区的地质构造、岩体结构类型、结构面的产状、组合关系、闭合程度、力学属性、延展及贯穿情况。

（5）气象（重点是大气降水）、水文、地震和地下水活动情况。

（6）崩塌前迹象和崩塌原因，当地防治崩塌的经验等。

（二）现场监测

当崩塌区下方有工程设施和居民点时，需判定危岩稳定性时，应对岩体张裂缝进行监测。对有较大危害的大型崩塌，应结合监测结果对可能发生崩塌的时间、规模、滚落方向、危害范围等做出预报。

（三）岩土工程评价

Ⅰ类难于治理的，不宜作为工程场地，线路应绕避。

Ⅱ类应对可能产生崩塌的危岩进行加固处理，线路应采取防护措施。

Ⅲ类易于处理，可作为工程场地，但应对不稳定危岩采取治理措施。

危岩和崩塌区的岩土工程勘察报告除应遵守岩土工程勘察报告的一般规定之外，尚应阐明危岩和崩塌区的范围、类型、作为工程场地的适宜性，并提出防治方案的建议。

（四）防治措施

只有潜在的小型崩塌，才能防止其不发生，对于大的崩塌只好绕避。路线通过小型崩塌区时，防治的方法分防止崩塌产生的措施及拦挡防御措施。

防止崩塌产生的措施有削坡、清除危石、胶结岩石裂隙、引导地表水流，以避免岩石强度迅速变化，防止差异风化以避免斜坡进一步变形及提高斜坡稳定性等。

（1）爆破或打楔。将陡崖削缓，并清除易坠的岩石。

（2）堵塞裂隙或向裂隙内灌浆。有时为使单独岩坡稳定，可采用铁链锁绊或铁夹，以提高有崩塌危险岩石的稳定性。

（3）调整地表水流。在崩塌地区上方修截水沟，以阻止水流流入裂隙。

（4）为了防止风化，将山坡和斜坡铺砌覆盖起来，或在坡面上喷浆。

（5）筑防护墙及围护棚（木、石、铁丝网等）以阻挡坠落石块，并及时清除围护建筑物中的堆积物。

（6）在软弱岩石出露处修筑挡土墙，以支持上部岩石的质量（这种措施常用于修建铁路路基而需要开挖很深的路堑时）。

二、场地和地基的地震效应勘察

（一）地震及地震效应

地震指地壳表层因弹性波传播所引起的振动作用或现象。地震按其成因，可分为构造地震、火山地震和陷落地震。此外，还有因水库蓄水、深井注水、采矿和核爆炸等导致的诱发地震。强烈的地震常伴随地面变形、地层错动和房屋倒塌。由地壳运动引起的构造地震，是地球上数量最多、规模最大、危害最严重的一类地震。

地震的震级和烈度，是衡量地震的强度，即地震大小对建筑物破坏程度的尺度。地震震级是衡量地震本身大小的尺度，由地震所释放出来的能量大小来衡量，释放的能量愈大则震级愈大。而地震烈度是衡量地震所引起的地面震动强烈程度的尺度。在地震影响范围内所出现的各种震害或破坏，称为地震效应。

（二）建筑场地类别及建筑地段的划分

1. 建筑场地类别的划分

根据土层等效剪切波速和场地覆盖层厚度按表 8-1 划分为四类。

表 8-1　建筑场地类别的划分

等效的切波速 $v_{se}/(m \cdot s^{-1})$	场地类别			
	I	II	III	IV
$v_{se} > 500$	0			
$500 \geqslant v_{se} > 250$	< 5	≥ 5		
$250 \geqslant v_{se} > 140$	< 3	3 ~ 50	> 50	
$v_{se} \leqslant 140$	< 3	3 ~ 15	> 15 ~ 80	> 80

2. 建筑地段的划分

选择建筑场地时，应按表 8-2 划分对建筑抗震有利、不利和危险的地段。

表 8-2　各类建筑地段的划分

地段类型	地质、地形、地貌
有利地段	坚硬稳定基岩，坚硬土，开阔、平坦、密实、均匀的中硬土等
不利地段	软弱土、液化土，条状突出的山嘴，高耸孤立的山丘，非岩质的陡坡、河岸和边坡边缘，平面分布上，成因、岩性、状态明显不均匀的土层
危险地段	地震时可能发生滑坡、塌陷、地陷、地裂、泥石流等及发震断裂带上可能发生地表位错的部位

勘察要求主要包括如下方面：

（1）在抗震设防烈度等于或大于Ⅵ度的地区进行勘察时，应确定场地类别。

（2）对需要采用时程分析的工程，应根据设计要求，提供土层剖面、覆盖层厚度和剪切波速等有关参数。任务需要时，可进行地震安全性评估或抗震设防区划。

（3）为划分场地类别布置的勘探孔，当缺乏资料时，其深度应大于覆盖层厚度。当覆盖层厚度大于 80m 时，勘探孔深度应大于 80m，并分层测定剪切波速。10 层和高度 30m 以下的丙类和丁类建筑，无实测剪切波速时，可按土的名称和性状估计土的剪切波速。

（4）抗震设防烈度为Ⅵ度时，可不考虑液化的影响，但对沉陷敏感的乙类建筑，可按Ⅶ度进行液化判别。甲类建筑应进行专门的液化勘察。

（5）场地地震液化判别应先进行初步判别，当初步判别认为有液化可能时，应再进一步判别。液化的判别宜采用多种方法，综合判定液化可能性和液化等级。

（6）液化初步判别除按现行国家有关抗震规范进行外，还应包括下列内容进行综合判别：①分析场地地形、地貌、地层、地下水等与液化有关的场地条件；②当场地及其附近存在历史地震液化遗迹时，应分析液化重复发生的可能性；③倾斜场地或液化层倾向水面或临空面时，应评价液化引起土体滑移的可能性。

（7）地震液化的进一步判别，可采用其他成熟方法进行综合判别。当采用标准贯入试验判别液化时，应按每个试验孔的实测击数进行。在需作判定的土层中，试验点的竖向间距宜为 $1.0 \sim 1.5m$，每层土的试验点数不宜少于 6 个。

（8）抗震设防烈度等于或大于Ⅶ度的厚层软土分布区，宜判别软土震陷的可能性和估算震陷量。

（9）场地或场地附近有滑坡、滑移、崩塌、塌陷、泥石流、采空区等不良地质作用时，应进行专门勘察，分析评价在地震作用时的稳定性。

（三）勘察评价

1. 地震液化的判别

地面下存在饱和砂土和饱和粉土时，除Ⅵ度设防外，应进行液化判别；存在液化土层的地基，应根据建筑的抗震设防类别、地基的液化等级，结合具体情况采取相应的措施。

（1）初步判别

①饱和土液化判别和地基处理，Ⅵ度时，一般情况可不进行判别和处理，但对液化沉陷敏感的乙类建筑物可按Ⅶ度的要求进行判别和处理，Ⅶ～Ⅸ度时，乙类建筑物可按本地区抗震设防烈度的要求进行判别和处理。

②饱和砂土或粉土（不含黄土），当符合下列条件之一时，可判别为不液化或可不考虑液化影响。

（2）进一步判别

①标准贯入试验判别法。在地面下15m深度范围内的液化土应符合下式要求：

$$N < N_{er} \qquad (式8-2)$$

$$N_{cr} = N_o \left[\text{ln}9 + 0.1(d_v - d_w) \right] \sqrt{\frac{3}{\rho_e}} \quad (d_{s}, 15 \quad) \qquad (式8-3)$$

②在地面下20m深度范围内，液化判别标准贯入锤击数临界值可按下式计算：

$$N_{er} = N_s \beta \left[\ln(0.6d_s + 1.5) - 0.1d_w \right] \sqrt{\frac{3}{\rho_c}} \qquad (式8-4)$$

式中：N 为饱和土标准贯入击数实测值；N_{cr} 为液化判别标准贯入击数临界值；No 为液化判别标准贯入击数基准值，d_s 为饱和土标准贯入点深度，m；ρ_c 为黏粒含量百分率，当小于3或为砂土时，均应采用3；β 为调整系数，设计地震第一组取0.8。第二组取0.95。第三组取1.05。

2. 场地液化等级的判别

存在液化土层的地基，应进一步探明各液化土层的深度和厚度，并应按下式计算液化指数：

$$I_L = \sum_{i=1}^{n}\left(1 - \frac{N_i}{N_{er}}\right)d_i W_i$$

（式 8-5）

式中：I_L 为液化指数；n 为在判别深度范围内每一个钻孔标准贯入试验点的总数；N_i，N_{cr} 分别为 i 点标准贯入锤击数的实测值和临界值，当实测值大于临界值时应取临界值的数值；d_i 为第 i 点所代表的土层厚度（m），可采用与该标贯试验点相邻的上、下两标贯试验点深度差的二分之一，但上界不高于地下水位深度，下界不深于液化深度；W_i 为第 i 土层考虑单位土层厚度的层位影响权函数值（m^{-1}）。若判别深度为 15m，当该层中点深度不大于 5m 时应采用 10。等于 15m 时应采用零值，5 ～ 15m 时应按线性内插法取值；若判别深度为 20m，当该层中点深度不大于 5m 时应采用 10。等于 20m 时应采用零值，5 ～ 20m 时应按线性内插法取值。

（四）地震液化的防治和建筑物抗震措施

1. 地震液化的防治措施

（1）合理选择建筑场地

在强震区应合理选择建筑场地，尽量避开可能液化土层分布的地段。一般应以地形平坦、地下水埋藏较深、上覆非液化土层较厚的地段作为建筑场地。

（2）地基处理

地基处理可以消除液化可能性或减轻其液化程度。地震液化的地基处理措施很多，主要有换土、增加盖重、强夯、振冲、砂桩挤密、爆破振密和围封等方法，可以部分或全部消除液化的影响。

（3）基础和上部结构选择

建立于液化土层上的建筑物，若为低层或多层建筑，以整体性和刚度较好的筏基、箱基和钢筋混凝土十字形条基为宜。若为高层建筑，则应采用穿过液化土层的深基础，如桩基础、管桩基础等，以全部消除液化的影响，切不可采用浅摩擦桩。此外，应增强上部结构的整体刚度和均匀对称性，合理设置沉降缝。

由于建筑物类别和地基的液化等级不同，所以抗液化措施应按表 8-3 选用。

表 8-3 液化防治措施的选择

建筑抗震设防类别	地基的液化等级		
	轻微	中等	严重
乙类	部分消除液化沉陷，或对基础和上部结构处理	全部消除液化沉陷，或部分消除液化沉陷且对基础和上部结构处理	全部消除液化沉陷
丙类	基础和上部结构处理，亦可不采取措施	基础和上部结构处理，或更高要求的措施	全部消除液化沉陷，或部分消除液化沉陷且对基础和上部结构处理
丁类	可不采取措施	可不采取措施	基础和上部结构处理，或其他经济的措施

2. 建筑物抗震措施

（1）建筑场地的选择

选择建筑场地时，应根据工程需要、地震活动情况、工程地质和地震地质的有关资料，对抗震有利、一般、不利和危险地段做出综合评价。对不利地段，应提出避开要求；当无法避开时，应采取有效措施；对危险地段，严禁建造甲、乙类建筑，不宜建造丙类建筑。

选择建筑场地时应注意以下几点：

①尽可能避开强烈振动效应和地面效应的地段作场地或地基。属此情况的有淤泥土层、饱水粉细砂层、厚填土层以及可能产生不均匀沉降的地基；

②避开活动性断裂带和与活动断裂有联系的断层，尽可能避开胶结较差的大断裂破碎带；

③避开不稳定的斜坡或可能会产生斜坡效应的地段，例如已有崩塌、滑坡分布的地段、陡山坡及河坎旁；

④避免将孤立突出的地形位置作建筑场地；

⑤尽可能避开地下水位埋深过浅的地段作建筑场地；

⑥岩溶地区存在浅埋大溶洞时，不宜作建筑场地。

对抗震有利的建筑场地条件应该是：地形平坦开阔；基岩或密实的硬土层；无活动断裂破碎带；地下水位埋深较大；崩塌、滑坡、岩溶等不良地质现象不发育。

（2）持力层和基础方案的选择

地基持力层应以基岩或硬土为好，避免以高压缩性及液化土层作持力层。同一建筑物的基础，不宜跨越在性质显著不同或厚度变化很大的地基土上。同一建筑物不要并用几种不同型式的基础。

（3）建筑物结构型式的选择

强震区房屋建筑与构筑物的平面和立面应力求简单方整，尽量使其质量中心与刚度中心重合，避免不必要的凸凹形状。若必须采用平面转折或立面层数有变化的型式，应在转折处或连接处留抗震缝。结构上应尽量做到减轻重量、降低重心、加强整体性，并使各部分构件之间有足够的刚度和强度。

第三节 特殊性岩土的勘察

特殊性岩土是指在特定的地理环境或人为条件下形成的具有特殊的物理力学性质和工程特征，以及特殊的物质组成、结构构造的岩土。如果在此类岩土上修建建筑物，在常规勘察设计的方法下不能满足工程要求，为了安全和经济，因而在岩土工程勘察中须采取特殊的方法和手段进行研究和处理，否则会给工程带来不良后果。特殊性岩土的种类很多，其分布一般具有明显的地域性。常见的特殊性岩土有湿陷性土、红黏土、软土、混合土、填土、多年冻土、膨胀岩土等。

一、湿陷性土勘察

（一）湿陷性土

是指非饱和和结构不稳定的土，在一定压力作用下受水浸湿后，其结构迅速破坏，并产生显著的附加下沉。湿陷性土在我国北方分布广泛，除常见的湿陷性黄土外，在我国的干旱及半干旱地区，特别是在山前洪、坡积扇中常遇到湿陷性碎石土、湿陷性砂土等。

（二）湿陷性黄土

1. 含义

湿陷性黄土属于黄土。当其未受水浸湿时，一般强度较高，压缩性较低。但受水浸湿后，在上覆上层的自重应力或自重应力和建筑物附加应力作用下，土的结构迅速破坏，并发生显著的附加下沉，其强度也随之迅速降低。

2. 分布

湿陷性黄土分布在近地表几米到几十米深度范围内，主要为晚更新世（Q3）形成的马兰黄土和全新世（Q4）形成的黄土状土（包括湿陷性黄土和新近堆积黄土）。而中更新世（Q2）及其以前形成早更新世（Q1）的离石黄土和午城黄土一般仅在上部具有较微弱的湿陷性或不具有湿陷性。

3. 性质

（1）粒度成分上，以粉粒为主，砂粒、黏粒含量较少，土质均匀。

（2）密度小，孔隙率大，大孔隙明显。在其他条件相同时，孔隙比越大，湿陷性越强烈。

（3）天然含水量较少时，结构强度高，湿陷性强烈；随含水量增大，结构强度降低，湿陷性降低。

（4）塑性较弱，塑性指数在 8 ～ 13 之间。当湿陷性黄土的液限小于 30％时，湿陷性较强；当液限大于 30％以后，湿陷性减弱。

（5）湿陷性黄土的压缩性与天然含水量和地质年代有关，天然状态下，压缩性中等，抗剪强度较大。随含水量增加，黄土的压缩性急剧增大，抗剪强度显著降低。新近沉积黄土，土质松软，强度低，压缩性高，湿陷性不一。

（6）抗水性弱，遇水强烈崩解，膨胀量小，但失水收缩较明显，遇水湿陷性较强。

（三）现场勘察

1. 勘察手段和方法

（1）场址选择或可行性勘察阶段：工程地质测绘、勘探和试验综合使用。

（2）初步勘察阶段：以钻探为主，初步勘探线的布置应按地貌单元的纵、横线方向布置，勘探点的间距宜按表 8-4 确定。勘探点深度应根据湿陷性黄土层的厚度和地基压缩层深度的预估值确定，控制性勘探点应有一定数量的取土勘探点穿过湿陷性黄土层。

表8-4　初步勘探点的间距（单位m）

场地类别	勘探点间距	场地类别	勘探点间距
简单场地	120～200	复杂场地	50～80
中等复杂场地	80～120		

（3）详细勘察阶段。①勘探点的间距应按建筑物类别和工程地质条件的复杂程度等因素确定，宜按表8-5确定。②在单独的甲、乙类建筑场地，勘探点不应少于4个。③勘探点的深度应大于地基压缩层的深度，并符合表8-6的规定或穿透湿陷性黄土层。

表8-5　详细勘察勘探点的间距（单位m）

场地类别 建筑类别	甲	乙	丙	丁
简单场地	30～40	40～50	50～80	80～100
中等复杂场地	20～30	30～40	40～50	50～80
复杂场地	10～20	20～30	30～40	40～50

表8-6　勘探点的深度（单位m）

湿陷类型	非自重湿陷性黄土场地	自重湿陷性黄土场地	
		陇西、陇东－陕北－晋西地区	其他地区
勘探点深度 （自基础底面算起）	＞10	＞15	＞10

2．现场取样

（1）总体要求：①取不扰动土样，必须保持其天然的湿度、密度和结构，并符合Ⅰ级土样质量的要求；②在探井中取样，竖向间距宜为1m，土样直径不宜小于120mm；在钻孔中取样，应严格按规范要求执行，避免扰动；③取土勘探点中，应有足够数量的探井，其数量应为勘探点总数的1/3～1/2，并不宜少于3个。探井的深度宜穿透湿陷性黄土层。

（2）初步勘察现场取样：取土的数量，应按地貌单元和控制性地段布置，其数量不得少于全部勘探点的1/2。

（3）详细勘察现场取样：采取不扰动土样不得少于全部勘探点的2/3，采取不扰动土样的勘探点不宜少于1/2。

3．现场试验

（1）初步勘察：原位测试点的数量，应按地貌单元和控制性地段布置，其数最不得少于全部勘探点的1/2。新建地区的重要建筑，应按规定进行现场试坑浸水试验，并按自重湿陷系数的实测值判定场地湿陷类型。

（2）详细勘察：原位测试的勘探点不得少于全部勘探点的2/3。

4. 现场回填

勘探点使用完毕后，应立即用原土分层回填夯实，并不宜小于该场地天然黄土的密度。

（四）岩土工程评价

1. 一般湿陷性土的岩土工程评价

一般湿陷性土，的岩土工程评价应符合下列规定：

（1）湿陷性土的湿限程度划分应根据浸水载荷试验测得的附加湿陷量的大小划分，见表8-7。

表8-7 湿陷程度分类

湿陷程度 试验条件	附加湿陷量 $\Delta F_s / cm$	
	承压板面积 0.50m²	承压板面积 0.25m²
轻微	$1.6 < \Delta F_s \leqslant 3.2$	$1.1 < \Delta F_s \leqslant 2.3$
中等	$3.2 < \Delta F_s \leqslant 7.4$	$2.3 < \Delta F_s \leqslant 5.3$
强烈	$\Delta F_s \leqslant 7.4$	$\Delta F_s > 5.3$

（2）湿陷性土的地基承载力宜采用载荷试验或其他原位测试确定。

（3）对湿陷性土边坡，当浸水因素引起湿陷性土本身或其与下伏地层接触面的强度降低时，应进行稳定性评价。

（4）湿陷性土地基受水浸湿至下沉稳定为止的总湿陷量，应按下式计算：

$$\Delta_v = \sum \beta \Delta F_w h_i \qquad （式8-6）$$

（5）湿陷性土地基的湿陷等级判定，依据湿陷土总湿陷量及湿陷土总厚度综合分析判定，见表8-8。

表8-8 湿陷性土地基的湿陷等级

总湿陷量 Δ_s / cm	湿陷性土总厚度 /m	湿陷等级
$5 < \Delta_{s}, 30$	> 3	I
	$\leqslant 3$	II
$30 < \Delta_{s}, 60$	> 3	
	$\leqslant 3$	III
$\Delta_s > 60$	> 3	
	$\leqslant 3$	IV

（6）湿陷性土的处理应根据土质特征、湿限等级和当地建筑经验等因素综合确定。

2. 湿陷性黄土地基湿陷性的评价

　　黄土地基的湿陷性评价内容：首先判定黄土是湿陷性黄土还是非湿陷性黄土；如果是湿陷性黄土，再进一步判定湿陷性黄土场地湿陷类型；其次判别湿陷性黄土地基的湿陷等级。

　　（1）判定黄土湿陷性

　　黄土湿陷性是按室内浸水压缩试验在规定压力下测定的湿陷系数 δ_s 值判定。当 $\delta_s < 0.015$ 时，为非湿陷性黄土；当 $\delta_s \geqslant 0.015$ 时，为湿陷性黄土。

　　（2）判别自重湿陷性

　　自重湿陷性的判别是测定在饱和自重压力下黄土的自重湿陷系数 δ_s 值，当 $\delta_s < 0.015$ 时，为非自重湿陷性黄土；当 $\delta_s \geqslant 0.015$ 时，为自重湿陷性黄土。

　　（3）判定场地湿陷类型

　　湿陷性黄土场地湿陷类型，应按照自重湿陷量的实测值 Δ'_{zs} 或计算值 Δ_{ze} 判定。湿陷性黄土场地的湿陷类型按下列条件判别：当自重湿陷量的实测值 Δ'_{zs} 或计算值 Δ_{ze} 小于或等于 7cm 时，应定为非自重湿陷性黄土场地；当自重湿陷量的实测值 Δ'_{zs} 或计算值 Δ_{ze} 大于或等于 7cm 时，应定为自重湿陷性黄土场地；当自重湿陷量的实测值与计算值出现矛盾时，应按自重湿陷量的实测值判定。

　　（4）判定地基湿陷等级

　　湿陷性黄土地基的湿陷等级，应根据湿陷量的计算值和自重湿陷量的计算值等因素按照表 8-9 判定。

表 8-9　湿陷性黄土地基的湿陷等级

$\Delta s/mm$ $\Delta m/mm$ 湿陷类型	非自重湿陷性场地	自重湿陷性场地	
	$\Delta_{2s} \leqslant 70$	$70 \leqslant \Delta_{as} \leqslant 350$	$\Delta_{2s} > 350$
$\Delta_n \leqslant 300$	Ⅰ（轻微）	Ⅱ（中等）	—
$300 < \Delta_s \leqslant 700$	Ⅱ（中等）	Ⅱ（中等）或Ⅲ（严重）	Ⅲ（严重）
$\Delta_n > 700$	Ⅱ（中等）	Ⅲ（严重）	Ⅳ（很严重）

（五）处理措施

　　原则和方法，除地面防水及管道防渗漏外，应以地基处理为主要手段，处理方法包括换土、压实、挤密、强夯、桩基及化学加固等方法，应根据土质特征、湿陷等级和当地经验综合考虑选用。

二、红黏土勘察

（一）红黏土的性质

　　红黏土是指在湿热气候条件下碳酸盐系岩石经过第四系以来的红土化作用形成并覆盖于基岩土，呈棕红、褐黄等色的高州性土。其主要特征是：液限（w_L）大于

50%、孔隙比（e）大于 1.0；沿埋藏深度从上到下含水量增加，土质由硬到软明显变化；在天然情况下，虽然膨胀率甚微，但失水收缩强烈，故表面收缩，裂隙发育。

红黏土在我国南方地区广泛分布，是岩溶地区主要的地基土，由于其特殊的岩溶地质环境，使红黏土地区的地质条件比较复杂，存在一系列不良地质因素。

（二）红黏土的分类

1. 红黏土的状态分类

除按液性指数判定外，尚可按含水比划分，见表 8-10。

表 8-10　红黏土的状态分类

状态	含水比 α_w	状态	含水比 α_w
坚硬	$\alpha_w \leqslant 0.55$	软地	$0.85 < \alpha_w \leqslant 1.00$
硬塑	$0.55 < \alpha_n \leqslant 0.70$	流塑	$\alpha_w > 1.00$
可塑	$0.70 < \alpha_w \leqslant 0.85$		

2. 红黏土的结构分类

可根据其裂隙发育特征按表 8-11 确定：

表 8-11　红黏土的结构分类

土体结构	裂隙发育特征
致密状的	偶见裂隙（＜1 条 5）
巨块状的	较多裂隙（1～2 条 /m）
碎块状的	富裂隙（＞5 条 /m）

3. 红黏土的复浸水性特征分类

可按表 8-12 确定分类。

表 8-12　红黏土的复浸水性特征分类

类别	I_r 与 I_r' 关系	复浸水特征
I	$I_r . I_r'$	收缩后复浸水膨胀，能恢复到原位
II	$I_r < I_r'$	收缩后复浸水膨胀，不能恢复到原位

4. 红黏土的地基均匀性分类

可按表 8-13 分类。

表 8-13　红黏土的地基均匀性分类

地基均匀性	地基压缩层范围内的岩土组成
均匀地基	全部由红黏土组成
不均匀地基	由红黏土和岩石组成

红黏土地区的岩土工程勘察，应着重查明其状态分布、裂隙发育特征及地基的均匀性。

（1）不同地貌单元的红黏土和次生红黏土的分布、厚度、物质组成、土性等特征及其差异，并调查当地的建筑经验。

（2）下伏基岩、岩溶发育特征及其与红黏土土性、厚度变化的关系。

（3）地裂的分布、发育特征及其成因、土体结构特征，土体中裂隙的密度、深度、延展方向及其发展规律。

（4）地表水体和地下水的分布、动态及其与红黏土状态垂直向分带的关系。

（5）现有建筑物开裂的原因分析，当地勘察、设计、施工经验等。

（三）现场勘察

1. 工程地质测绘和调查

通过工程地质测绘与调查，初步了解红黏土的分布及特征。

2. 现场勘探

（1）勘探点的布置应取较密的间距，查明红黏土厚度和状态的变化。初步勘察勘探点间距宜取 30～50m；详细勘察勘探点间距，对均匀地区宜取 12～24m，对不均匀地区宜取 6～12m。厚度和状态变化大的地段，勘探点间距还需加密。

（2）各阶段勘探孔的深度可按一般土对各类岩土工程勘察的基本要求布置。对不均匀地基，勘探孔深度达到基岩。

（3）对不均匀地基、有土洞发育或采用岩面端承桩时，宜进行施工勘察，其勘探点间距和勘探孔深度根据需要确定。

3. 现场试验

红黏土的室内试验除应满足常规试验项目的规定外，对裂隙发育的红黏土应进行三轴剪切试验或无侧限抗压强度试验。必要时，可进行收缩试验和复浸水试验。当需评价边坡稳定性时，宜进行重复剪切试验。

（四）岩土工程评价

（1）建筑物应避免跨越地裂密集带或深长地裂地段。

（2）轻型建筑物的基础埋深应大于大气影响急剧层的深度；炉窑等高温设备的基础应考虑地基土的不均匀收缩变形；开挖明渠时应考虑土体干湿循环的影响；在石芽出露的地段，应考虑地表水下渗形成的地面变形。

（3）选择适宜的持力层和基础型式，在满足裂隙和胀缩要求的前提下，基础宜浅埋，利用浅部硬壳层，并进行下卧层承载力的验算；不能满足承载力和变形要求时，应建设进行地基处理或采用桩基础。

（4）基坑开挖时宜采取保湿措施，边坡应及时维护，防止失水干缩。

（5）红黏土的地基承载力应综合地区经验按有关标准综合确定。当基础浅埋、外侧地面倾斜、有临空面或承受较大水平荷载时，应结合以下因素综合考虑确定红黏土的承载力：①土体结构和裂隙对承载力的影响；②开挖面长时间暴露、裂隙发展和复浸水对土质的影响。

（6）当岩土工程评价需要详细了解地下水埋藏条件、运动规律和季节变化时，应在测绘调查的基础上补充进行地下水的勘察、试验和观测工作。

（五）处理措施

由于红黏土是岩溶地区主要的地基土，常形成不同的岩溶地貌形态，应根据实际情况选择不同的处理方法。

三、软土勘察

软土，天然孔隙比大于或等于1.0，且天然含水量大于液限的细颗粒土应判定为软土，包括淤泥、淤泥质土、泥炭、泥炭质土等。

软土的特征一般是指在静水或缓慢水流环境中以细颗粒为主的近代沉积物，按地质成因，我国软土有滨海环境沉积、海陆过渡环境沉积、河流环境沉积、湖泊环境沉积和沼泽环境沉积。软土具有如下工程性质：

（1）触变性。灵敏度在 3 ～ 16 之间。

（2）流变性。在剪应力作用下，土体会发生缓慢而长期的剪切变形。

（3）高压缩性。压缩系数一般为 $0.6 \sim 1.5 \ \mathrm{MPa^{-1}}$，最高可达 $4.5 \ \mathrm{MPa^{-1}}$。

（4）低强度。不排水抗剪强度小于 **30kPa**。

（5）渗透性弱。垂向渗透系数为 $10^{-8} \sim 10^{-6} \mathrm{cm/s}$。

（6）不均匀性。黏土中常夹有厚薄不等的粉土、粉砂和细砂等。

（一）现场勘察

1. 勘探方法

软土地区勘察宜采用钻探取样与静力触探结合的手段。勘探点布置应根据上的成因类型和地基复杂程度确定。当土层变化较大或有暗埋的塘、浜、沟、坑、坑穴时应予加密。

2. 现场取样

软土取样应采用薄壁取土器，其规格应符合相关规范的要求。

3. 原位测试

软土的力学参数宜采用室内试验、原位测试，结合当地经验确定。软土原位测试宜采用静力触探试验、旁压试验、十字板剪切试验、扁铲侧胀试验和螺旋板载荷试验。有条件时，也可根据堆载试验，原型监测反分析确定。

4. 室内试验

抗剪强度指标室内宜采用三轴试验，压缩系数、先期固结压力、压缩指数、回弹指数、固结系数可分别采用常规固结试验、高压固结试验等方法确定。

（二）岩土工程评价

软土的岩土工程评价应包括下列内容：

（1）判定地基产生失稳和不均匀变形的可能性；当工程位于池塘、河岸、边坡附近时，应验算其稳定性。

（2）软土地基承载力应根据室内试验、原位测试和当地经验，并结合下列因素综合确定：

①软土成层条件、应力历史、结构性、灵敏度等力学特性和排水条件。

②上部结构的类型、刚度、荷载性质和分布，对不均匀沉降的敏感性。

③基础的类型、尺寸、埋深和刚度等。

④施工方法和程序。

（3）当建筑物相邻高低层荷载相差较大时，应分析其变形差异和相互影响；当地面有大面积堆载时，应分析对相邻建筑物的不利影响。

（4）地基沉降计算可采用分层总和法或土的应力历史法，并应根据当地经验进行修正，必要时，应考虑软土的次固结效应。

（5）提出基础型式和持力层的建议；对于上为硬层，下为软土的双层土地基应进行下卧层验算。

（三）处理措施

软土地基处理方法可采用换土垫层法、堆载预压法等。

四、填土勘察

（一）填土的性质

由于人类活动而堆填的土，统称为填土。根据其物质组成和堆填方式，可将填土分为素填土、杂填土、冲填上和压实填土四类。

填土的性质包括：

（1）不均匀性；

（2）湿陷性；

（3）自重压密性；

（4）压缩性大，强度低等工程性质。

（二）填土的分类

1. 素填土

由碎石土、砂土、粉土和黏性土等一种或几种土质组成，不含杂质或含杂质很少的土，称为素填土。

2. 杂填上

含大量建筑垃圾、工业废料或生活垃圾等杂物的填土。

3. 冲填土

冲填土也叫吹填土，是由水力冲填泥砂形成的填土。

4. 压实填土

按一定标准控制材料成分、密度、含水量，经过分层压实（或夯实）而成。压实填土在筑路、坝堤等工程中经常涉及。

（三）工作准备

1. 了解勘察目的和任务

（1）搜集资料，调查地形和地物的变迁，填土的来源、堆积年限和堆积方式。

（2）查明填土的分布、厚度、物质成分、颗粒级配、均匀性、密实性、压缩性和湿陷性。

（3）判定地下水对建筑材料的腐蚀性。

2. 收集相关资料

与一般勘察要求相同。

3. 相关设备及人员准备

与一般勘察要求相同。

（四）现场勘察

1. 勘探方法

（1）应根据填土性质确定。对由粉土或黏性土组成的素填土，可采用钻探取样、轻型钻具与原位测试相结合的方法；对含较多粗粒成分的素填土和杂填土宜采用动力触探、钻探，并应有一定数量的探井。

（2）填土勘察应在一般土勘察规定的基础上加密勘探点，确定暗埋的塘、浜、坑的范围。勘探孔的深度应穿透填土层。

2. 现场测试

（1）填土的均匀性和密实度宜采用触探法，并辅以室内试验。

（2）填土的压缩性、湿陷性宜采用室内固结试验或现场载荷试验。

（3）杂填土的密度试验宜采用大容积法。

（4）对压实填土，在压实前应测定填料的最优含水量和最大干密度，压实后应测定其干密度，计算压实系数。

（五）岩土工程评价

1. 填土的均匀性和密实度评价

（1）填土的均匀性和密实度与其组成物质、分布特征和堆积年代有密切关系，因此可以根据以上特征判定地基的均匀性、压缩性和密实度。必要时尚应按厚度、强度和变形特性指标进行分层和分区评价。

（2）对于堆积年代较长的素填土、冲填土和由建筑垃圾或性能稳定的工业废料组成的杂填土，当较均匀和较密实时可作为天然地基；由有机质含量较高的生活垃圾和对基础有腐蚀性的工业废料组成的杂填土，不宜作为天然地基。

2. 填土的承载力及稳定性评价

填土的承载力应结合当地建筑经验、室内外测试结果综合确定。当填土地面的天然坡度大于 20% 时，应验算其稳定性。

（六）填土地基处理与检验

1. 地基处理

（1）换土垫层法：适用于地下水位以上，可减少和调整地基不均匀沉降。

（2）机械碾压、重锤夯实及强夯法：适用于加固浅埋的松散低塑性或无黏性填土。

（3）挤密法、灰土桩：适用于地下水位以上；砂、碎石桩适用于地下水位以上，处理深度一般可达 6～8m。

2. 地基检验

填土地基基坑开孔后应进行施工验槽，处理后的填土地基应进行质量检验。常用的检验方法有轻型动力触探、静力触探、取样分析法。对于复合地基，宜进行大面积载荷试验。控制压实填土地基的检验，需随施工进程分层进行。

五、其他特殊类土勘察

（一）了解其他特殊类土的工程性质

各类特殊土由于其形成的原因不同，所表现出的工程特性亦不同，见表 8-14。

表 8-14　各类特殊土的工程性质一览表

特殊土名称	特殊土含义	特殊土的工程性质
膨胀岩土	含有大量亲水矿物，湿度变化时有较大体积变化，变形受约束时产生较大内应力的岩土	膨胀性
盐渍土	易溶盐含量＞0.3%，并具有溶陷、盐胀、腐蚀等工程特性的土	溶陷性、盐胀性、腐蚀性
多年冻土	多年冻土是指含有固态水，且冻结状态持续两年或两年以上的土	冻胀性、融陷性
混合土	由细粒土和粗粒土混杂且缺乏中间粒径的土	不均匀性
花岗岩残积土	完全风化的花岗岩未经搬运的土	湿陷性
污染土	由于致污物质的侵入，使土的成分、结构和性质发生了显著变异的土	腐蚀性，膨胀性、湿陷性等

（二）其他特殊类土的现场勘察

各类特殊土由于其所表现出的工程特性不同，勘察时采用的勘探方法和技术要求不同，见表8-15。

表 8-15　各类特殊土的勘察要点一览表

特殊土名称	勘察内容	技术要求
膨胀岩土	（1）查明膨胀岩土的岩性、地质年代、成因、产状、分布以及颜色、节理、裂缝等外观特征。 （2）划分地貌单元和场地类型，查明有无浅层滑坡、地裂、冲沟以及微地貌形态和植被情况。 （3）调查地表水的排泄和积聚情况以及地下水类型、水位和变化规律。 （4）搜集当地降水量、蒸发强度、气温、地温、干湿季节，干旱持续时间等气象资料，查明大气影响深度。 （5）调查当地建筑经验	（1）勘探点布置：宜结合地貌单元和微地貌形态，其勘探点比非膨胀岩土地区适当增加，其中采取试样的勘探点不应少于全部勘探点的1/2。 （2）勘探孔的深度：除应满足基础埋深和附加应力的影响深度外，尚应超过大气影响深度；控制性勘探孔不应小于8m，一般性勘探孔不应小于5m。 （3）取样要求：在大气影响深度内，每个控制性勘探孔均应采取Ⅰ、Ⅱ级土试样，取样间距不应大于10m，在大气影响深度以下取样间距可为1.5～2.0m；一般性勘探孔从地表下1m开始至5m深度内，可取Ⅲ级土试样，测定天然含水量。 （4）测试要求：除常规试验项目外，还应测定自由膨胀率；一定压力下的膨胀率；收缩系数；膨胀力等指标。 （5）重要的和有特殊要求的工程场地，宜进行现场浸水载荷试验、剪切试验或旁压试验。对膨胀岩应进行黏土矿物成分、体膨胀量和无侧限抗压强度试验。对各向异性的膨胀岩土，应测定其不同方向的膨胀率、膨胀力和收缩系数。 （6）对初判为膨胀土的地基，应计算膨胀变形量，收缩变形量和胀缩变形量，并划分胀缩等级
盐渍土	（1）查明盐渍土的成因、分布和特点。 （2）查明含盐化学成分、含盐量及其在岩土中的分布。 （3）查明溶蚀洞穴发育程度和分布。 （4）收集气象和水文资料。 （5）查明地下水类型、埋藏条件、水质、水位及其季节变化。 （6）查明植物生长状况 （7）含石膏为主的盐渍岩、石膏的水化深度，含芒硝较多的岩渍岩在隧道通过地段的地温情况。 （8）调查当地工程经验	（1）勘探要求：除满足一般土勘探测试要求外，勘探点布置尚应满足查明岩渍土分布特征的要求。 （2）测试要求：根据盐渍土岩性特征，常采用载荷试验等原位测试方法，宜现场测定有效盐胀厚度和总盐胀量，除进行常规室内试验外，尚应进行溶陷性试验；工程需要时，应测定有害毛细水上升高度。 （3）取样要求： 表格见下

（盐渍土取样要求表：）

勘察阶段	深度范围 /m	取土试样间距 /m	取样孔占勘探孔总数的比例 /%
初步勘察	＜5	1.0	100
	5～10	2.0	50
	＞10	3.0～5.0	20
详细勘察	＜5	0.5	100
	5～10	1.0	50
	＞10	2.0～3.0	30

（续表）

特殊土名称	勘察内容	技术要求
多年冻土	（1）多年冻土的分布范围及上限深度。 （2）多年冻土的类型、厚度、总含水量、构造特征、物理力学和热学性质。 （3）多年冻土层上水、层间水、层下水的赋存形式、相互关系及其对工程的影响。 （4）多年冻土的融沉性分级和季节融化层土的冻胀性分级。 （5）厚层地下水、冰锥、冰丘、冻土沼泽、热融滑塌、热融湖塘、融冻泥流等不良地质作用的形态特征、形成条件、发布范围、发生发展规律及其对工程的危害程度	（1）勘探点间距：在满足对各类岩土工程勘察基本要求的同时，应予以适当加密。特别是在初步勘察和详细勘察阶段要引起注意。 （2）勘探孔深度：①对保持冻结状态设计的地基，不应小于基底以下2倍基础宽度，对桩基应超过桩端以下3～5m；②对逐渐融化状态和预先融化状态设计的地基，应符合非冻土地基的要求；③无论何种设计原则，勘探孔的深度均宜超过多年冻土上限深度的1.5倍；④在多年冻土的不稳定地带，应查明多年冻土下限深度，当地基为饱冰冻土或含土冰层时，应穿透该层。 （3）勘探要求：宜采用大口径低速钻进，终孔直径不宜小于108mm，必要时可以采用低温泥浆，并避免在钻孔周围造成人工融区或孔内冻结。应分层测定地下水位。保持冻结状态设计地段的钻孔，孔内测温工作结束后应及时回填。 （4）取样要求：竖向间隔除应满足规范相应要求外，在季节融化层还应适当加密，试样在采取、搬运、贮藏、试验工程中应避免融化。 （5）测试要求：按常规要求外，尚应根据需要，进行总含水量、体积含水量、相对含水量、未冻水含量、冻结温度、导热系数、冻胀量、融化压缩等项目的试验；对盐渍化多年冻土，尚应测定易溶盐含量和有机质含量。 （6）工程需要时，可建立地温观测点，进行地温观测。 （7）当需查明与冻土融化有关的不良地质作用时，调查工作宜在二月至五月份进行；多年冻土上限深度的勘察时间宜在九、十月份进行
混合土	（1）查明地形和地貌特征，混合土的成因、分布、下卧土层或基岩的埋藏条件。 （2）查明混合土的组成，均匀性及其在水平方向和垂直方向上的变化规律	（1）勘探点的间距和勘探孔的深度要求：除应满足相关规范的要求外，尚应适当加密加深。 （2）测试要求：①应有一定数量的探井，并应采取大体积土试样进行颗粒分析和物理力学性质测定；②对粗粒混合土宜采用动力触探试验，并应有一定数量的钻孔或探井检验；③现场载荷试验的承压板直径和现场直剪试验的剪切面直径都应大于试验土层最大粒径的5倍，载荷试验的承压板面积不应小于$0.5m^2$，直剪试验的剪切面面积不宜小于$0.25m^2$。

198

（续表）

特殊土名称	勘察内容	技术要求
花岗岩残积土	（1）不同岩石的各风化带的分布、埋深与厚度变化。 （2）风化岩与原岩矿物、组织结构的变化程度。 （3）风化岩的透水性和富水性。 （4）风化岩内软弱夹层的分布范围、厚度与产状。 （5）风化岩与残积土的岩土技术性质。 （6）当地的建筑经验	（1）勘探要求：除钻孔外，应用一定数量的探井，并在其中取样，每一风化带不应少于3组。 （2）勘探点间距：宜为15～30cm，并可有一定数量的追索、圈定的勘探点。钻孔深度：一般性钻孔应穿透残积土和全风化岩；控制性钻孔应穿透强风化岩。 （3）在残积土、全风化岩与强风化岩中应取得Ⅰ级试样，在中等风化岩与微风化岩中岩心采取率不应低于90%。 （4）测试要求：宜采用原位测试与室内试验相结合，原位测试可采用载荷试验、动力触探和波速测试，室内试验按土工试验要求进行，必要时应进行湿陷性和湿化试验。 （5）对花岗岩残积土，应测定其中细粒土的天然含水量、液限和塑限
污染土	（1）初步勘察：查明污染源性质、污染途径，并初步查明污染土分布和污染程度。 （2）详细勘察：查明污染土的分布范围、污染程度、物理力学和化学指标，为污染土处理提供参数	（1）勘察手段要求：污染土场地和地基的勘察，应根据工程特点和设计要求选择适宜的勘察手段，工业污染、尾矿污染和垃圾填埋场以现场调查为主。 （2）取样要求：采用钻探或坑探采取土试样，土样采集后宜采取适宜的保存方法并在规定时间内运送实验室。 （3）测试要求：当需要确定污染土为地基土的工程性能时，宜采用以原位测试为主的多种手段；当需要确定污染土的地基承载力时，宜进行载荷试验。 （4）防护要求：在对污染土勘探测试时，当污染物对人体健康有害或对机具仪器有腐蚀性时，应采取必要的防护措施。 （5）勘探测试工作量的布置，应结合污染源和污染途径的分布进行，勘探孔深度应穿透污染土。 （6）有地下水的勘探孔应采取不同深度地下水试样，查明污染物在地下水中的空间分布

（三）其他特殊类土的岩土工程评价

1. 膨胀岩土的勘察评价

（1）膨胀岩土的场地分类。膨胀岩土场地，按地形地貌条件可分为平坦场地和坡地场地。符合下列条件之一者应划为平坦场地，不符合以下条件的应划为坡地场地。

①地形坡度小于5度，且同一建筑物范围内局部高差不超过1m。

②地形坡度大于5度小于14度，与坡肩水平距离大于10m的坡顶地带。

（2）对建在膨胀岩土上的建筑物，其基础埋深，地基处理，桩基设计，总平面布置，建筑和结构措施，施工和维护。

（3）一级工程的地基承载力应采用浸水载荷试验方法确定；二级工程宜采用浸水载荷试验；三级工程可采用饱和状态下不固结不排水三轴剪切试验计算或根据已有经验确定。

（4）对边坡及位于边坡上的工程，应进行稳定性验算，验算时应考虑坡体内含水量变化的影响；均质土可采用圆弧滑动，含有软弱夹层及层状膨胀岩土应按最不利的滑动面验算；具有胀缩裂缝和地裂缝的膨胀土边坡，应进行沿裂缝滑动的验算。

2. 盐渍土的勘察评价

（1）岩土中含盐类型、含盐量及主要含盐矿物对岩土工程特性的影响。

（2）岩土的溶陷性、盐胀性、腐蚀性和场地工程建设的适宜性。

（3）盐渍土地基的承载力宜采用载荷试验确定，当采用其他原位测试方法时，应与载荷试验结果进行对比。

（4）确定盐渍上地基的承载力时，应考虑盐渍土的水溶性影响。

（5）盐渍土边坡的坡度宜比非盐渍土的软质岩石边坡适当放缓，对软弱夹层、破碎带应部分或全部加以防护。

（6）盐渍土对建筑材料的腐蚀性评价应按相关规范中有关规定执行。

3. 多年冻土的勘察评价

（1）主要内容

①查明多年冻土的物理力学性质、总含水量、融陷性分级。

②确定地基承载力应区别保持冻结地基和容许融化地基，结合当地建筑经验用载荷试验或其他原位试验综合确定，对次要建筑可根据邻近工程经验确定。

（2）处理措施

多年冻土地区地基处理措施应根据建筑物的特点和冻土的性质选择适宜有效的方法。一般选择以下处理方法：

①保护冻结法，宜用于冻层较厚、多年地温较低和多年冻土相稳定的地带，以及不采暖的建筑物和富冰冻土、饱冰冻土、含土冰层的采暖建筑物或按容许融化法处理有困难的建筑物。

②容许融化法的自然融化宜用于地基总融陷量不超过地基容许变形值的少冰冻土或多冰冻土地基；容许融化法的预先融化宜用于冻土厚度较薄、多年冻土不稳定地带的富冰冻土、饱冰冻土和含土冰层地基，并可采用人工融化压密或挖除换填法进行处理。

4. 混合土的勘察评价

（1）混合土的承载力应采用载荷试验、动力触探试验并结合当地经验确定。

（2）混合土边坡的容许坡度值可根据现场调查和当地经验确定。对重要工程应进行专门试验研究。

5. 花岗岩残积土的勘察评价

（1）对岩石风化程度进行分类。

（2）风化岩与残积土的变形计算参数。

①风化岩与残积土地基的变形模量 E_0 可采用载荷试验确定，亦可采用旁压试验、标贯试验或超重型动力触探 N_{120}。试验结果结合类比验证确定。

②花岗岩残积土的变形模量 E_0，可用标贯试验的杆长修正击数 N 按公式

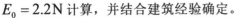

$E_0 = 2.2N$ 计算，并结合建筑经验确定。

（3）评价设在风化岩与残积土中的桩承载力和桩基稳定性。

（4）残积土和不同风化程度岩石的透水性、地下水的富水性与不同层位间的水力联系，分析其对土压力计算、地下设施防水、明挖、盖挖与暗挖施工时的土体稳定性及降水对周围环境的影响。

（5）分析风化岩岩体内的软弱结构面的组合情况，并就其中与开挖面关系上的不利组合进行稳定性评价。

（6）对易风化岩石进行稳定性评价，并提出支护建议。

6．污染土的勘察评价

（1）污染源的位置、成分、性质、污染史及对周边的影响。

（2）污染土分布的平面范围和深度、地下水受污染的空间范围。

（3）污染土的物理力学性质，评价污染对土的工程特性指标的影响程度。

（4）工程需要时，提供地基承载力和变形参数，预测地基变形特征。

（5）污染土和水对建筑材料的腐蚀性。

（6）污染土和水对环境的影响。

（7）分析污染发展趋势。

参考文献

[1] 梁志荣．既有深坑地下空间开发利用岩土工程技术与工程实践 [M]．上海：同济大学出版社．2018．

[2] 王茂靖．海外项目工程地质勘察实践 [M]．北京：中国铁道出版社．2018．

[3] 马海志．中国土木工程学会轨道交通分会勘察与测量专业委员会五周年特辑精准发力助推城市轨道交通勘测创新发展 [M]．北京：中国铁道出版社．2018．

[4] 曾开华等．深基坑工程支护结构设计及施工监测的理论与实践 [M]．北京：煤炭工业出版社．2018．

[5] 吴德荣．石油化工结构工程设计 [M]．上海：华东理工大学出版社．2018．

[6] 吕凡任．地基基础工程 [M]．重庆：重庆大学出版社．2018．

[7] 刘勇．高景光．刘福臣等．地基与基础工程施工技术 [M]．郑州：黄河水利出版社．2018．

[8] 张鑫．土木工程检测鉴定与加固改造第十四届全国建筑物鉴定与加固改造学术会议论文集 [M]．北京：中国建材工业出版社．2018．

[9] 金耀华．李永贵；彭小丽．陆进保．徐雪枫等副．国家示范性高等职业教育土建类"十三五"规划教材土力学与地基基础第2版 [M]．武汉：华中科技大学出版社．2018．

[10] 王长科．工程建设中的土力学及岩土工程问题王长科论文选集 [M]．北京：中国建筑工业出版社．2018．

[11] 余挺．深厚覆盖层工程勘察研究与实践 [M]．北京：中国电力出版社．2018．

[12] 于海峰．2018全国注册岩土工程师专业考试培训教材 [M]．人民交通出版社股份有限公司．2018．

[13] 龚晓南．海洋土木工程概论 [M]．北京：中国建筑工业出版社．2018．

[14] 高成梁．彭第；赵传海．冷毅飞副．地下工程施工技术与案例分析 [M]．武汉：武汉理工大学出版社．2018．

[15] 苏燕奕．地质勘察与岩土工程技术 [M]．延吉：延边大学出版社．2019．

[16] 王笃礼．黎良杰．航空工业岩土工程技术新进展 [M]．北京：中国建筑工业出版社．2019．

[17] 康景文等．基于工程实践的大直径素混凝土桩复合地基技术研究 [M]．北京：中国建筑工业出版社．2019．

[18] 康景文．郭永春．颜光辉．王新．膨胀土场地基坑支护设计方法研究 [M]．

北京：中国建筑工业出版社.2019.

[19] 赵勇等.隧道设计理论与方法 [M].北京：人民交通出版社股份有限公司.2019.

[20] 韩玮.于林平.基础工程 [M].北京：中国质检出版社.2019.

[21] 顾晓鲁.郑刚.刘畅.李广信.地基与基础第4版 [M].北京：中国建筑工业出版社.2019.

[22] 李章政；李光范.黄小兰副.土力学与地基基础 [M].北京：化学工业出版社.2019.

[23] 吴永.地下水工程地质问题及防治 [M].郑州：黄河水利出版社.2020.

[24] 卢玉南.广西岩土工程理论与实践 [M].长春：吉林大学出版社.2020.

[25] 朱博勤.FAST工程勘查技术理论与实践 [M].武汉：湖北科学技术出版社.2020.

[26] 郝贵强者.河北省房屋建筑和市政基础设施工程施工图设计文件审查要点 [M].天津：天津大学出版社.2020.

[27] 陈文华.王奎华.李建华作.浙江省建设工程检测人员从业资格考核培训系列教材地基基础检测监测技术 [M].北京：中国水利水电出版社.2020.

[28] 张世殊.王刚.刘仕勇.石伟明作；周建平.郑声安总.中国水电关键技术丛书水电工程地质信息一体化 [M].北京：中国水利水电出版社.2020.

[29] 汪双杰.多年冻土区公路路基尺度效应理论与方法 [M].北京：科学出版社.2020.

[30] 王明秋.蒋洪亮.高职高专工程测量技术专业及专业群教材边坡工程防治技术 [M].重庆：重庆大学出版社.2021.

[31] 张炜.夏玉云.刘争宏.唐国艺.乔建伟.海外特殊岩土工程实践丛书非洲红砂工程特性研究与应用 [M].北京：中国建筑工业出版社.2021.

[32] 杨石飞.岩土工程一体化咨询与实践 [M].北京：中国建筑工业出版社.2021.

[33] 陈凡.岩土工程新技术及工程应用丛书基桩动力检测理论与实践 [M].北京：中国建筑工业出版社.2021.

[34] 蒋良文.许佑顶.许模.雷明堂.李光伟作.高速铁路复杂岩溶地质勘察与灾害防治 [M].北京：科学出版社.2021.

[35] 王荣彦.土质边坡工程的概念设计与细部设计 [M].郑州：黄河水利出版社.2021.

[36] 郭杨作.硬黏土地基与地下工程应用 [M].北京：中国建筑工业出版社.2021.

[37] 郭明田.岩土工程勘察和地基处理设计文件常见问题解析 [M].北京：中国建筑工业出版社.2021.

[38] 潘永坚.姚燕明.李高山.张立勇.滨海软土城市工程勘察关键技术 [M].

杭州：浙江工商大学出版社.2021.

[39] 王明秋.蒋洪亮.高职高专工程测量技术专业及专业群教材边坡工程防治技术 [M].重庆：重庆大学出版社.2021.

[40] 张炜.夏玉云.刘争宏.唐国艺.乔建伟.海外特殊岩土工程实践丛书非洲红砂工程特性研究与应用 [M].北京：中国建筑工业出版社.2021.

[41] 王抒祥.高海拔超高压电力联网工程技术岩土工程勘察及其应用 [M].北京：中国电力出版社.2021.

[42] 冯震.岩土工程测试检测与监测技术 [M].北京：清华大学出版社.2021.

[43] 杨石飞.岩土工程一体化咨询与实践 [M].北京：中国建筑工业出版社.2021.

[44] 陈凡.岩土工程新技术及工程应用丛书基桩动力检测理论与实践 [M].北京：中国建筑工业出版社.2021.

[45] 曹纬浚.2021注册岩土工程师执业资格考试基础考试复习教程 [M].北京：人民交通出版社股份有限公司.2021.

[46] 曹纬浚.2021注册岩土工程师执业资格考试基础考试试卷 2011-2020[M].北京：人民交通出版社股份有限公司.2021.

[47] 梁发云.曾朝杰.袁聚云作.面向可持续发展的土建类工程教育丛书高层建筑基础分析与设计第 2 版 [M].北京：机械工业出版社.2021.

[48] 刘鑫.洪宝宁.高等学校土木工程专业十四五系列教材城市地下工程 [M].北京：中国建筑工业出版社.2021.

[49] 杜晓波.张莉.城市轨道交通工程施工测量第 3 版 [M].北京：中国铁道出版社.2021.